新中式空间

美学与设计法则

Design
New Chinese Style

王翠凤　汤　斌　编著

中国电力出版社
CHINA ELECTRIC POWER PRESS

内 容 提 要

新中式风格凝聚了中国优秀的传统文化，中式元素家居文化的使用在世界上有着举足轻重的地位。本书内容包括新中式风格的起源与发展、新中式空间居住美学与设计特点、传统色彩在新中式空间中的应用、新中式风格软装六大设计元素、新中式风格软装设计实例解析五章。书中以理论结合实战的方式，图文并茂，对传统文化在现代室内设计中的新应用进行了深入细致地剖析。可以作为室内设计师和相关从业人员的工具书、软装艺术爱好者的参考读物。

图书在版编目（CIP）数据

新中式空间美学与设计法则 / 王翠凤，汤斌编著．— 北京：中国电力出版社，2024.2

ISBN 978-7-5198-7473-5

Ⅰ．①新… Ⅱ．①王… ②汤… Ⅲ．①住宅－室内装饰设计 Ⅳ．① TU241

中国国家版本馆 CIP 数据核字（2023）第 244406 号

出版发行：中国电力出版社
地　　址：北京市东城区北京站西街 19 号（邮政编码 100005）
网　　址：http://www.cepp.sgcc.com.cn
责任编辑：曹　巍　（010-63412609）
责任校对：黄　蓓　于　维
装帧设计：王红柳
责任印制：杨晓东

印　　刷：三河市航远印刷有限公司
版　　次：2024 年 2 月第一版
印　　次：2024 年 2 月北京第一次印刷
开　　本：787 毫米 ×1092 毫米　16 开本
印　　张：15.5
字　　数：350 千字
定　　价：138.00 元

前言

Foreword

中式风格凝聚了中国悠远的传统文化，是历代人民智慧和汗水的结晶。其起源可以追溯到不同的朝代，从商周时期出现大型宫殿建筑之后，历经汉代的庄重典雅、唐代的雍容华贵、宋代的淡雅远逸、明清时期的大气磅礴……发展到今天，国际家居设计界越来越重视中式元素的使用，说明了中式风格的家居文化在世界上有着举足轻重的地位。

传统的中式风格常以繁复的雕饰、浓重的色彩来展现空间庄重、典雅的韵味。但如果把这种搭配形式运用到现代化的居住空间中，难免会让人感觉沉闷繁重。新中式风格将传统文化与现代审美相结合，在提炼经典中式元素的同时，又对其进行了优化和丰富，从而打造出更符合现代人审美的室内空间。

新中式风格实质上是传统文化的一种回归，并且在现代技术和新观念的冲击下不断更新与拓展。其典型的特征是多采用简洁、硬朗的直线条做空间装饰。在选材上则通常会大胆地加入一些现代材料，如金属、玻璃、皮革、大理石等，让空间在保留古典美学的基础上，又完美地进行了现代时尚的演绎，使空间质感变得更加丰富。家具可以选择除红木家具以外的更多材质进行混搭，有些空间还会采用具有西方工业设计色彩的板式家具与中式家具搭配使用。

本书内容包括新中式风格的起源与发展史、新中式空间居住美学与设计特点、传统色彩在新中式空间中的应用、新中式风格六大软装设计元素、新中式风格软装设计实例解析五大章节。以理论结合实战的方式，对传统文化在现代室内设计中的新应用进行了深入细致地剖析，图文并茂。书中不仅进行了专业阐述，还有近千张实例图片作为辅助说明，可以作为室内设计师和相关从业人员的工具书、软装艺术爱好者的参考读物。

编者

目录 Contents

新中式风格

Design
New Chinese Style

【第一章】

新中式风格的起源与发展

第一节 原始时期——文化萌芽的初始状态

一、历史背景

人类的原始时期一直在与自然竞争中求生存，看来粗陋的同时却种下了文明的种子。原始人类在自然中生产、创造，不断完善工具，也变得越来越聪明。工具从石器，向木制、骨制等种类拓展。人们掌握了火的使用方法，用来照明、取暖、驱赶野兽，人的身体更为健康。服饰的出现是人类脱离动物的一个重要标志。服饰能保护身体，还能美化外观，人们的美学意识已经萌芽。

△ 山东历城城子崖遗址出土的龙山文化时期陶鬶

我国新石器时代典型的文明有：黄河流域的马家窑文化、老官台文化、仰韶文化、大汶口文化、龙山文化等；长江流域的屈家岭文化、河姆渡文化、良渚文化等；华南地区有红山文化等。这些地区文化存在较大差异，并富有地域特色。

其中，马家窑文化是仰韶文化向西发展的一种地方类型，出现于距今 5700 多年的新石器时代晚期。历经了 3000 多年的发展，马家窑文化有石岭下、马家窑、半山、马厂等四个类型。马家窑遗址发掘出大批彩陶器皿。陶器大多以泥条盘筑法成型，陶质呈橙黄色，器表打磨得非常细腻。马家窑文化的彩陶，早期以纯黑彩绘花纹为主；中期使用纯黑彩和黑红二彩相间绘制花纹；晚期多以黑红二彩并用绘制花纹。在我国发现的所有彩陶文化中，马家窑文化彩陶占比最高。

△ 仰韶文化时期鹰形陶鼎，中国国家博物馆藏

△ 河姆渡文化猪纹陶钵

△ 湖北沙洋县城河遗址出土的屈家岭文化时期石钺

△ 马家窑文化彩色陶罐

红山文化发源于内蒙古，距今五六千年左右，延续时间达 2000 年之久。红山文化中细石器制作工艺发达，陶器制作也相当成熟。红陶黑彩为主，花纹丰富，造型古朴。玉雕工艺水平较高，玉器有猪龙形缶、玉龟、玉鸟、兽形玉、勾云形玉佩、棒形玉等。

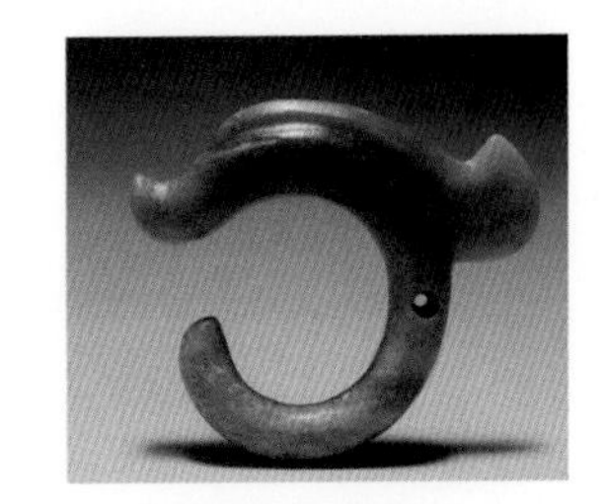

△ 红山文化时期 C 形龙

二、原始时期文化艺术

原始时期的人类在掌握了一定技能之后，本能地有美化自身形象和器物的冲动。石器时代，人们不但对石器打磨得更光滑锋利，还开始制作一些小型的石质器物，如穿孔石珠、穿孔兽牙、穿孔贝壳等精美的饰物，说明人们已经有了最初的审美意识。一些玉制品如石英、玛瑙、玉石髓等开始出现，不但质地坚硬，而且光泽、色彩更为美丽。

△ 红山文化时期玉猪龙

原始人类对自身的来源也十分好奇，所以从自然现象或动植物中提取一些元素，如蛙、鹿、鸟、鱼等的形象，将它们当作亲族或祖先的图腾进行崇拜。在马家窑文化的彩陶中就能看到蛙、鸟等的图案。其中蛙因多子，当作多产的象征，是先民用于祈求生育繁衍的图腾。这种形象还一直在延续和演变，比如先秦的蛙纹钺，蛙的形象很具象。

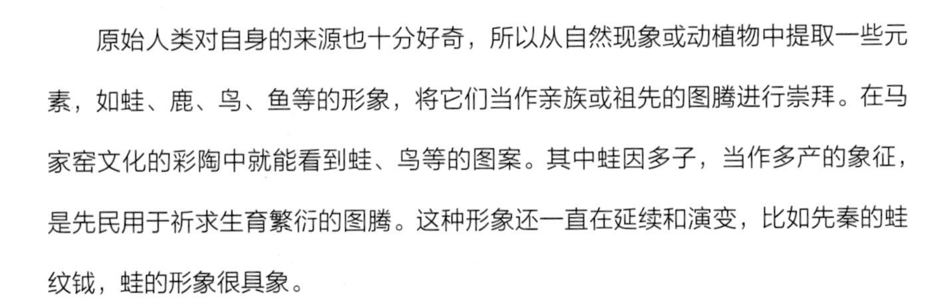

△ 陕西城固县五郎庙出土蛙纹钺

陶器的发明也是新石器时代的一个重要标志。并且制作时在杯、碗、罐、壶、豆、鼎、勺等器物表面进行了装饰，如绳纹、编织纹、堆纹、乳钉纹等。彩陶的出现是陶器文化达到新高度的标志，意味着器物更为美观，易于识别，而且还可以进行图案创作和装饰。仰韶文化中可以看到彩陶除了三角形、波浪形、圆点等抽象图形外，还有蛙、鸟、人面纹等图案。

△ 马家窑蛙纹彩陶

黄河流域的中原地区是彩陶的发祥地。大约在新石器时代的晚期，生活在这里的人们用手捏制陶坯，然后进行磨光处理，再画上彩色的图案花纹，烧成后陶底呈橙红色，显出深红、黑色、紫色的美丽花纹，这就形成了彩陶。

绘画不仅表现在陶身上，当时的人们还创作了大量的岩画。中国岩画以单色为主，主要分为南北二大特色。北方地区的岩画多表现动物、人物、狩猎及各种符号，以内蒙古阴山岩画为代表，作品风格写实，线条简洁粗犷，技法主要是磨刻。南方地区的岩画除描绘动物、狩猎外，还表现房屋、村落、宗教仪式等，主要采用凿刻技术，大都以红色涂绘。此外，东南沿海地区的岩画也自成体系，有的题材为出海活动，它们都是抽象性的符号，用磨刻的方法制成。根据岩画的题材，还可分为类人面岩画、狩猎岩画、生殖岩画。

△ 内蒙古阴山岩画

三 原始时期的居住形式

原始社会经过旧石器时代、中石器时代到新石器时代，住宅建筑也逐渐发展较为成熟。

新石器时代初期，一些人类迁徙到适合开发农业的大河平原地区，修建了地穴式、半地穴式的“棚屋”。还有一些迁徙到水泽地区的人类则在地面或水面上修建了“干栏式”建筑。中国的干栏式建筑遗迹以距今 7000 年的浙江余姚河姆渡遗址为代表。河姆渡遗址发现大量干栏式建筑遗迹，分布面积大，数量多，分布错落有致。可见有专人策划后进行分类加工，建造时有人现场指挥。建筑构件主要有木桩、地板、柱、梁、枋等，有些构件上带有榫头和卯口，为日后家具的发展奠定了技术基础。

△ 模拟建造的河姆渡遗址干栏式建筑

巢居

早期人们搭建在树上的庇护所，仿鸟巢而建，所以得名“巢居”。原始巢居主要在长江流域沼泽地带，因为当地气候温暖、湿润，适合构架透风、轻盈的巢居。原始巢居的发展经历了不同阶段，如单树、多树、原始干栏等。

穴居

原始穴居是在黄河流域居住人群采用的早期居住形式。由于黄河流域气候干燥、寒冷，拥有土质细密、适合挖穴的黄土地层，因此为穴居提供了自然条件。原始洞穴的发展经过了横穴、半横穴、袋形竖穴、袋形半竖穴、直壁形半竖穴几个阶段，最后发展为原始的地面建筑。

四 原始时期的家具特点

根据考古发现的人类生存遗迹可以看到，在史前原始社会的漫长历史时期里，人类在不断探索适合自己的生活形式和生活状态。在原始人类构筑的巢穴中，最初的家具仅是以树叶、羽毛或兽皮等作为铺垫用的席；为了避寒暑、隔潮湿，便以树桩、石块为墩作为坐具；以土为台或以木杆竹竿绑结为架，再铺以干燥松软之物作为卧具，这些便是原始形态的家具。

人类最早是将自然物直接作为坐具和卧具使用，后来人们逐渐学会以苇、竹、秸秆或草等材料，纵横交错地组合编织成地席、坐垫、靠垫甚至更复杂的编织家具。长江流域的河姆渡文化遗址出土了苇席残片，浙江吴兴县新石器时代遗址出土了竹篾编织的用具。

除了编织家具以外，将木杆、竹竿等材料进行挖磨、捆绑而成的简陋家具开始出现。随着石器的进一步发展，原始人类可以较容易地加工木材，并可以用木材制造出趋于实用的木制品。在对树木进行砍伐、打磨、钻孔等加工的过程中，原始的榫卯结构被利用起来，促进了更精巧的建筑形式的出现。河姆渡遗址出土的木构件中能清晰地看到包括端头榫、柱脚榫、燕尾榫、双凸榫及对头插榫等多种榫卯形式。

△ 河姆渡遗址出土的木制榫卯

此外，旧石器时代晚期的人们烧制出了陶，并制造出能用作生活器具的陶器。陶器上保留了原始社会独特的图案设计和色彩搭配。旧石器时代出土的编织家具、木制家具、石制家具、土台、陶器等在形制上都比较低矮，这与当时人们的生活方式相适应。

△ 木胎朱漆碗

此外，中国在世界上最早发现并使用天然漆，早在新石器时代，原始人就已经认识到用漆可以保护和装饰木器，河姆渡文化遗址出土的木胎朱漆碗就是很好的证明。

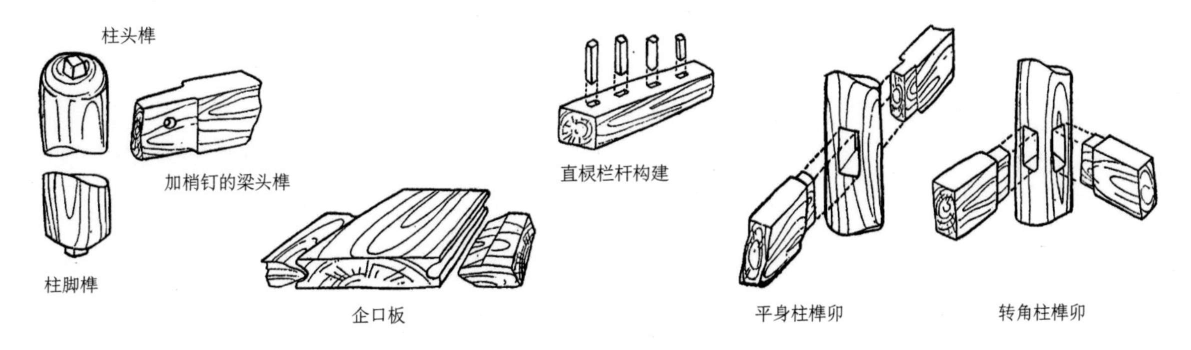

第二节

夏商周——青铜时代和文字初兴

一 历史背景

中华文化的起源据史料可查是起源于夏朝，夏朝也是中国史书记载的第一个世袭制朝代，大禹传位于子启，改变了原始部落的禅让制，开创中国近4000年世袭的先河。因而从史前文化迈入了文明时代，奴隶社会始于夏，发展于商，成熟于周。

据载，夏朝已经发展了农耕技术，以木器翻土，以石刀、蚌镰收割，并且开河道、防洪水，发展了原始的水利灌溉技术。二里头文化是目前已知的夏朝文化唯一的遗址，二里头文化遗存中有青铜铸造的刀、锥、锛、凿、镞、戈、爵等工具、武器和容器，同时还发现有铸铜遗址，出土有陶苑、铜渣和坩埚残片。

△ 二里头遗址出土的乳钉纹青铜爵，是迄今我国发现最早的完整青铜酒礼器之一

商人开始使用甲骨文，手工业已很发达，青铜冶铸、制陶和玉石雕刻业都有很大发展，已有各种行业的作坊。商代的陶器有各种颜色，有些为轮制，有些则使用泥条盘筑法，陶器上常压印花纹。据查最早的中国釉料出现于商朝。此时期还有大理石及石灰石雕刻的真实与神话动物。

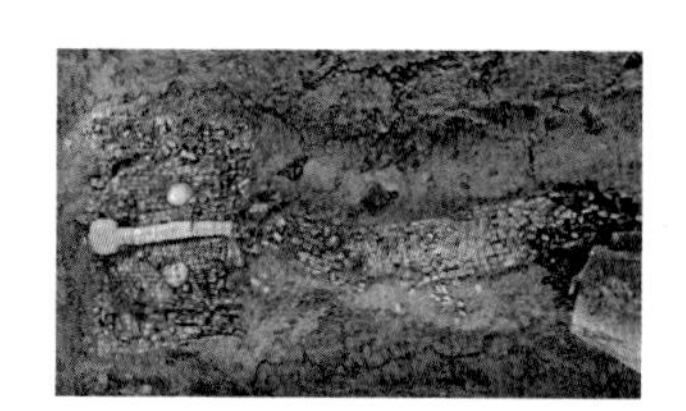

△ 二里头遗址出土的绿松石龙形器（局部）

西周时期，农业进一步发展。粮食和其他作物的品种增多了，主要粮食有黍、麦、稻等。桑麻的种植很普遍，麻布和丝绸是当时的衣料来源。周代手工业种类多，分工细，包括青铜制造、制陶、纺织业等，号称“百工”。商周的青铜器造型美观，生动逼真，在艺术史上占有重要地位。

△ 河南安阳殷墟妇好墓出土的商代玉人呈跽坐姿态，五官清晰写实

二、夏商周时期的青铜器文化

在新石器晚期，人类开始进入金石并用的时代，初步掌握金属冶炼的技术。夏朝进入奴隶社会，为青铜器的生产提供了大量的劳动力，青铜器的制作水平不断提高。商朝是中国青铜器发展的核心时期，伴随着社会生产力的提高，青铜冶炼技术逐步成熟。青铜工具如斧、锯、凿、锥、锄、铲等比石器工具更结实耐用、效率更高；青铜武器如矛、刀、戈、镞、剑等提升了军队的战斗力；青铜日用品如鼎、簋、爵、尊等提升了生活的品质；青铜器还应用到车、马、建筑等的构件上。

商代晚期青铜器的造型越来越丰富，方形器增多，如殷墟出土的国宝后母戊鼎和妇好墓出土的偶方彝均为方形，此外还出现了很多动物器皿，如仿大象、犀牛、猪、鹰等动物形象，造型生动，雕刻精美。商代后期，青铜器的铸造工艺已极为精湛，器形丰富，流行饕餮纹（兽面纹）、云雷纹、夔纹、龙纹、虎纹、象纹、鹿纹、牛头纹、凤纹、蝉纹、人面纹等纹饰，通常在云雷纹上再加浮雕式的主题纹样。

△ 蟠龙纹盘，商代后期

△ 青铜觥，商代

△ 商代的四羊方尊除了造型生动的羊头以外，其青铜铸造工艺精湛绝伦，被称为传统陶范法的巅峰之作

△ 后母戊鼎是商代后期铸品，是迄今为止出土的最大最重的青铜器

西周时期，青铜制造技术进一步发展，规模更大，制作也更为精良，主要包括青铜礼器、乐器、兵器、工具和其他日用杂器等。西周是铜器铭文的鼎盛时期，铭文字数增加而且内容丰富。铭文一般可达百字左右，多的三四百字，记载奴隶制度、土地制度、宗族制度等重要社会信息。西周时期的青铜形制与纹饰更为简洁，饕餮纹已不多见，流行夔纹、分尾的鸟纹、重环纹、波带纹、窃曲纹及瓦纹等。

△ 班簋是西周中期的青铜器，内底有铭 20 行，197 字

中国使用青铜有约 5000 年历史，约在公元前 2000 年前后进入青铜时代。止于公元前 5 世纪，主要经历了夏、商、西周至春秋时期，约经历了 1500 多年的历史。考古学上以“青铜”为标志划分出一个“青铜时代”。

△ 西周时期的何尊内底铸有铭文 12 行、122 字，残损 3 字，现存 119 字，被公认为最早出现“中国”字样的器物

三、文字初兴时期

文字的诞生是通过长期的演变和发展才逐渐形成的，是人类进入文明社会的重要标志。伏羲作为中华民族人文始祖的三皇之一，传说中的形象是人首蛇身。他以结绳为网，用来捕鸟打猎，教会了人们渔猎的方法，发明了瑟，创作了《驾辨》曲子，又根据天地万物的变化，发明创造了八卦，成了中国古文字的发端，也结束了“结绳记事”的历史。这些活动标志着中华文明的起始。

甲骨文出现于商周时期，是中国已发现的古代文字中年代最早、体系较为完整的文字，主要的书写方式是契刻，但也有少部分是朱书或墨书卜辞。目前所知，我国有文字可考的历史从商朝开始。除了殷墟发现了甲骨文外，河南辉县、偃师、洛阳、郑州二里岗及河北藁城等地的商代遗址也有甲骨文出土。

△ 卜骨，上有甲骨文

除甲骨文外，商代另一种重要的文字是“金文”，指铸刻在金属上的文字。商周时期主要的金属就是青铜器，青铜器又是商周时期主要的礼器和乐器，以钟鼎为代称，金文也称为“钟鼎文”。

商代金文主要内容包括族徽与日名。商代中期开始，青铜器上出现了颇具象形特征的族徽文字，即用来区别不同族氏的徽号标志。族徽文字形象生动，包罗万象，其创意灵感或来自对人体的认识，或源于对自然的感悟，或描绘生产生活等。日名是以甲、乙、丙、丁等十种天干字命名的方式，如祖甲、父乙、母辛、妣丁等。使用族徽、日名是东方部族的特殊习俗，以周人为代表的西部国族不使用族徽和日名，这是商周文化的一个显著区别。

△ 大盂鼎是现存西周青铜器中的大型器，造型端庄稳重，浑厚雄伟，富丽堂皇

△ 大盂鼎器内壁铸铭文 19 行 291 字，具有端严凝重的艺术效果，是西周早期金文书法的代表作

△ 毛公鼎是西周晚期由宗教转向世俗生活的代表铜器，鼎的内壁铸有铭文

△ 毛公鼎内壁铭文共 499 字，是迄今所知铭文最长的青铜器

风采各异的金文面貌和艺术风格，浓缩了各个时代、地区、族群的礼仪生活与文化精神，反映了中国文字艺术的早期发展历程，也记录着中国早期文字的演进轨迹。金文虽然没有甲骨文开创性的意义和价值，但是因书写更规范，体例更成熟，开始凸显出汉字的美学意味。

四 夏商周时期的建筑特点

在夏朝之前，不论是半穴居、干栏屋或者皇帝发明的合宫，其屋顶皆以茅草混合树叶、草茎土或黏土做成，其材料并不能完全有效阻隔风雨霜雪的侵袭，且室内空气质量也变得较差。

这些缺点在砖瓦建材发明后被完全改善。根据《古史考》记录“夏禹时，乌曹作‘砖’”，《本草纲目》记录“夏桀，始以泥坯烧作‘瓦’”可得，砖瓦在夏朝已使用在建筑上。

甲骨文中有不少关于建筑的文字，根据这些字形推测，商代人们居住的房屋有的建在台基之上，有的为干栏式住宅。地位较高或比较富有的人，多在高台上建造房屋。这些房屋的平面呈长方形，一般是在固定的两木板之间填上泥土，用木杵或者石杵夯实，然后再填土夯实，墙体很少装饰。平民或奴隶仍然居住在呈长方形的半地穴房屋中。

△ 半圆兽纹瓦当

周代百姓居住的房屋墙面仍然是用夯土筑成，墙面和地面涂抹白灰、土等混合成的泥土，屋顶是用立柱和横梁组成的框架，横梁上支持檩和椽。

大约在西周时期，瓦开始用于屋顶，瓦的出现很好地解决了屋顶防水的问题。从陕西省扶风岐山遗址来看，当时的瓦仅用于屋脊部分，但使用的范围并不广，大约仅限于规格较高的建筑。这一时期的瓦除板瓦、筒瓦外，还出现了用于装饰檐口的瓦当，不过这一时期的瓦当主要是素文半圆形，称“半规瓦”。

△ 西周屋檐前夔龙纹瓦当

檩 檩是屋顶木结构中开间方向的承重构件，用于架跨在房梁上起托住椽子或屋面作用的小梁。随着中国古代建筑的发展，根据所在位置的不同，分为脊檩、金檩、檐檩等。

椽 椽是指按间隔相等的距离铺设在屋顶坡面檩上的细木条，也是屋顶坡面的骨架。椽子的断面一般为圆形、方形或扁方形。最早的建筑，屋面多铺设草泥、树枝等，后来有的屋顶铺设稻草、秸秆或薄木板。瓦发明以后，多在草泥上铺瓦，也有的直接在椽上铺瓦。

五 夏商周时期的家具特点

夏商周时期家具兼有礼器的功能，是中国早期家具的雏形阶段，家具的各种类型都已出现，但是少而简陋。这个时期的家具主要以青铜、石质和漆木镶嵌为主。由于当时人们思想封建，相信鬼神存在，所以家具表面纹饰多为凶猛的饕餮纹，以求震慑鬼神，保护自身平安。到了商代，比较成熟的髹漆技术已经出现，并被运用到床、案等家具的装饰上，还可镶嵌象牙、松石等。而且商周时期开始已有使用屏风的记载，用来分割空间、美化环境以及保护个人隐私。

据史料记载，早在商周时代已出现具有装饰性和实用性的家具。虽然商周时期的木质家具已经没有任何实物流传下来，但从出土的商代青铜器中，仍可窥见商周时期家具造型的一些蛛丝马迹。由于商周时期人们都是跪坐的，因此当时只有席、俎、禁、几、案等矮型家具，其中以俎和禁这两类家具最具代表性。

△ 西周铜禁 现藏于美国波士顿美术馆

俎是几、案、桌、椅、凳等家具的基本雏形，制作材料不局限于木材、石材，商周时期出土的青铜俎更具观赏性。禁是箱柜之始，通常为长方形，形似现在的箱子，是一种储藏家具，供储存衣物。使用竹材或木材制作，早期由两块实木凿成，上下扣在一起。

△ 商代饕餮蝉纹铜俎

以青铜为材料支撑的商代饕餮蝉纹铜俎是青铜器家具的代表。其造型雄浑、厚重，两边翘起并在侧面装饰有饕餮纹，在俎面上装饰有蝉纹图案，俎面翘起部位饰有夔龙纹。此俎改变了俎有四足的传统造型，发展成新式的板足造型。

夏代已出现青铜工具，但商朝的金属器具比夏代更为发达，出现了青铜的凿、斧、锯、钻、铲、锛等木工家具。随着青铜工具的发展，榫卯结构在商周时期开始大量出现，进而使得这一时期的木作家具变得更加牢固耐用。《管子 · 形势解》记载夏代奚仲所造之车："方圆曲直，皆中规矩钩绳，故机旋相得，用之牢利，成器坚固。"从这些记载及出土的马车实物可见当时木工制造技术的发达。

第三节 春秋战国——诸子百家争鸣时代

一、历史背景

春秋战国时期是我国古代历史上的大变革时期，各种学术思想流派的成就与同期古希腊文明交相辉映，天文、历法、医学和建筑等科学技术有了较大的进步。直到秦统一中国前，这段时间战火连天，社会秩序受到强烈冲击，各诸侯国需要大量真才实学的人才为国家兴盛做贡献。各国君王重视人才，礼贤下士，士这个阶层开始崛起。

△《老子出关图》明，张路，现藏于台北故宫博物院

士原指贵族中等级低的人，后来泛指有知识或有才能的人，可以是学士、武士，也可以是自由职业者。有的是通晓天文、历算、地理等知识方面的学者；有的是政治、军事的杰出人才；甚至还有击剑扛鼎之徒。

由于士的出身不同，立场不同，因而在解决或回答现实问题时，提出的政治主张和要求也不同。他们著书立说，争辩不休，形成众多学派，出现了百家争鸣的繁荣景象，这也是古中国思想最为活跃的一个时期，史称“诸子百家”。

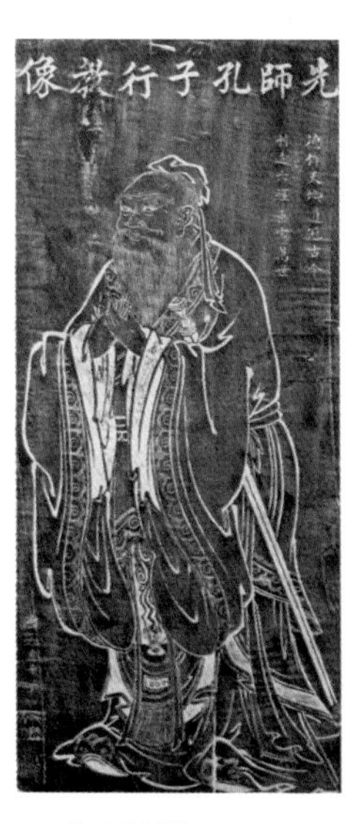

△孔子碑刻像

春秋时期是奴隶社会的瓦解时期，铁器的使用标志着社会生产力的显著提高。战国时期是我国封建社会的开端。此时手工业开始发达起来，冶铁、工艺品制作占有重要地位，光洁精致的漆器是其中的代表。铁器工具的产生、髹漆工艺的广泛应用及技术高超的名工巧匠的不断出现，使得家具在制作水平和使用要求上都达到空前的高度。

二、春秋战国时期的青铜艺术

青铜器在春秋战国时期掀起了又一个高潮。像西周那种通过铸长铭文来显示赫赫家史或宣扬礼制的青铜器基本消失。形制由原来的庄重威严向轻巧实用方向发展，产生了许多新器形，日常生活用的铜器增多。制作工艺日渐精巧铸，造技术也有了长足进步。失蜡法的应用、模印法制范、镶嵌工艺的普遍流行，令造型更加丰富，装饰也更为精美。

春秋时期繁复的蟠虺纹与蟠螭纹得以流行。燕、赵、蔡等国兴起在青铜器上镶嵌红铜及错金新工艺。战国时期，青铜器的制作更为精致灵巧，鎏金、镶刻、金银错等装饰技法的广泛应用，使青铜器更为光彩夺目。生活气息浓郁的狩猎、习射、采桑、宴乐、攻战、台榭等图案纹饰广泛流行。到了战国中晚期，许多铜器都变成素面，而且服御器、日用器大量增加。

在湖北随州发掘的曾侯乙墓，出土了以编钟为代表的万件文物，其中以车马兵器最多。而最震惊世界的是曾侯乙编钟，由六十五件青铜编钟组成的庞大乐器，其音域跨五个半八度，十二个半音齐备。整套编钟数量之多，做工之精细，气魄之宏伟，令人惊叹。编钟所用青铜是以高纯度的铜、锡、铅按一定比例冶炼而成，钟壁厚度、钟的形制的设计，都达到了完美极致的地步，如此才保证了编钟绝佳的音响效果。

△ 春秋中期，吐舌夔纹方甗，台北故宫博物院藏

△ 东周时期的曾侯乙编钟，现收藏于湖北省博物馆

△ 鎏金雷纹鼎，战国，青铜

三 春秋战国时期的文学与书画艺术

《诗经》和《楚辞》是中国先秦诗坛上现实主义和浪漫主义两座高峰。与《诗经》的四言诗风格相比，《楚辞》更具浪漫风格且句式活泼。如果说《诗经》充满北方古朴淳厚的沉实气概，《楚辞》则有南方苍郁雄奇的隽秀风姿。

《诗经》是我国最早的一部诗歌总集。据传经孔子编纂整理，后来儒家把它尊为经典，称作《诗经》。《诗经》编成于春秋时期，共收集诗歌305篇，内容涉及政治、经济、伦理、天文、地理、风俗、文艺等诸多方面，是周王朝五百年间社会生活的缩影，被誉为“中国古代社会的百科全书”。

《楚辞》出现在战国时期，是战国后期形成的一种新型诗体，是屈原创作的中国文学史上第一部浪漫主义诗歌总集，对整个中国文化发展具有非同寻常的意义，中国文学四大体裁诗歌、小说、散文、戏剧皆不同程度存在其身影。

殷商时期的宫室中已经出现壁画。到了春秋战国时期，壁画内容更加丰富多彩，有神话传说，也有仪仗、马车、人物等。长沙出土的四幅战国帛画，特别是《人物龙凤图》《人物御龙图》，代表了当时绘画的最高水平。构图在均衡中有变化，形象比例动态、线条力度等都取得了一定的成就。中国画以线造型的特点已露端倪。

△ 人物龙凤帛画，战国，31cm×22.5cm，湖南省博物馆藏

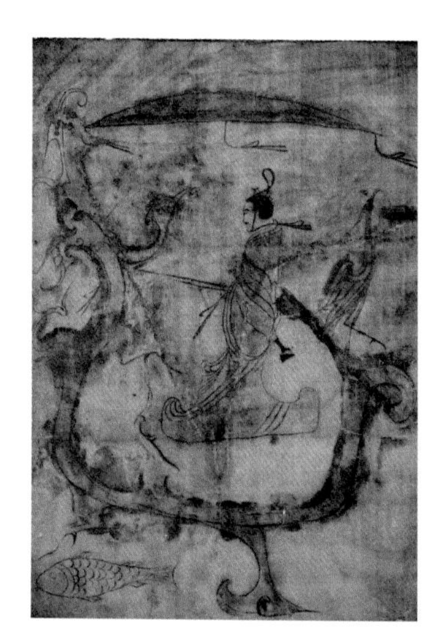

△ 人物御龙帛画，战国，37.5cm×28cm，湖南省博物馆藏

早在专门的纸、绢尚未发明使用之前，人们往往将字画刻画或绘在木板、石板、器物或丝织物上。这类作品后来常按其使用的材料分别称为“木板漆画”“画像石”“砖画”及“帛画”等。所谓“帛画”“缯画”，都是专指古代画在丝织物上的图画。在我国古老的文献如《礼记》中，就记载有丧仪中使用的画帷、画幌这类帛画。

四 春秋战国时期的建筑特点

春秋时期对建筑有着相当成熟的规划。《周礼》对居室的大小、布局、建筑规格等都有记载。士大夫的居所，除了用来起居的寝室外，还有专门招待客人的堂。这一时期，对居室内的装饰也开始受到重视。重视整体环境的协调搭配，园圃、池沼环绕宫室，为人们提供更多的娱乐空间。

△ 《错金银铜版兆域图》及铭文，河北省平山县中山国古墓发现的已知最古老的建筑平面设计图

春秋战国时期的建筑除了使用一般的方砖外，还有楔形砖、空心砖。空心砖上印制各种花纹，轻便美观。板瓦用以铺盖宫室顶部，排列有序，整齐美观，比草顶结实，比泥顶轻便。檐部盖筒瓦，圆形瓦当上印制各式图案，与椽头彩饰对比呼应，共同形成完整的装饰画面。

△ 春秋战国时期齐国云纹瓦当

瓦当形成为独立的艺术品，历来为人们所珍视。大约在春秋至战国时期，瓦当除了原来的以半圆形为主之外，还出现了圆形瓦当。瓦当上装饰有各种精美的纹样，如夔龙纹、夔凤纹、鹿纹等，装饰性强。

五 春秋战国时期的家具特点

春秋战国时期，木工作为一个行业已经出现，著名木匠公输班（鲁班），也是春秋时期涌现的匠师。相传他是当时的建筑师、家具制作大师，被奉为木工祖师。这一时期，席地而坐仍然盛行，家具种类还不丰富，较为常见的是供席地起居的低矮型家具和髹漆家具。史料记载该时期的坐卧类家具有席、床、榻等；承置类家具有俎、禁、几、案等；储藏类家具有箱、笥等；陈设类家具有架、屏等。

春秋战国的家具类型较奴隶社会前期的种类有所增加，除发展了先前已普遍使用的祭祀用的俎、置物用的案、凭靠用的几以外，还出现了遮蔽用的屏、睡眠用的床、挂物用的架等新的家具品种。

这一时期的家具制作已经使用了卯榫工艺。当时有银锭榫、凸凹榫、格角榫和燕尾榫等，这些已与明式家具的榫卯结构方式相似，为后世榫的发展奠定了基础。金属配件的使用是这一时期家具发展中的创新，在结构上和装饰上均起到了特殊的作用。一方面金属配件使家具构件之间产生了紧密的结合，丰富了家具的结构形式和使用功能。另一方面金属配件在材质和纹样上起到了装饰的作用。

从出土的漆家具上可以看到，髹漆和彩绘是这一时期家具的首要特色，彩饰漆家具色彩艳丽，通常以黑色为底色配以红色彩绘图案，显得朴素而又华美。春秋战国出现的漆木床、彩绘床等为汉代成为漆家具高峰期奠定了基础。《战国策》中记载，战国四公子之一的孟尝君出游到楚国时，曾向楚王献“象牙床”。

春秋战国时期家具品种

俎		髹漆技术的发展使木俎得以保存，至今已有大量这一时期的漆俎出土。到战国时期，俎在形制上与案已经非常接近，造型上较早期作为礼器使用的俎已变得更加简洁实用，其置物的功能也没有发生多少变化。
几		几是当时的主要家具之一，几面比较窄，需有一定的高度。《周礼·春官·司几筵》记载：“掌五几、五席之名物，辨其用，与其位。”此外，几还具有丰富的装饰纹样，这些纹样也反映了几的使用者身份的差别。
案		案是春秋战国时期非常流行的家具，此时的案依然是放置餐具的食器。案面比较宽，高度比几矮。案足普遍较矮，有的甚至只有几厘米高。案的形状和大小存在差异。案面以长方形居多，也有方形、圆形或不规则形状。
屏		屏除了挡风和分割空间之用，还是一种非常讲究的室内陈设，甚至在当时作为礼制设施使用。起初只有国君和诸侯的宫室才可使用。随着社会进步，屏也逐渐为上层社会人士使用。屏的装饰很有特点，通常雕刻或彩绘“云气虫兽之属”。
床		床的出现是人类生活进步的标志。河南信阳战国时期楚墓出土的彩绘大床是我国现存的古代家具中罕见的实物珍品，其形制与今天相差无几。床的四周有栏杆且可拆卸。床屉为棕编，富有弹性。床屉下有六足，足上有精美的回纹图案。

第四节

秦汉——文化确立与发展的重要时期

一 历史背景

△ 秦始皇

秦汉形成统一帝国，政治统一，促进各地人民生产生活交流，为秦汉文化的发展创造了条件。强有力的政府也促进了秦汉文化的发展。秦始皇统一文字，西汉武帝以后大兴儒学教育、鼓励对外交流等政策措施，都有利于文化的发展。

秦汉时期雄伟壮观、富丽堂皇的阿房宫等木结构建筑没有得以留存至今，但从文字记载、已出土的遗迹和文物可以窥见秦朝的建筑艺术具有瑰丽辉煌、浑厚雄壮的特点。震古烁今的秦始皇兵马俑，足以证实秦代早期的雄浑气魄和质朴之风。

在东汉发明造纸术之前，除丝帛以外，最能施展绘画才能的载体恐怕就是墙壁了。汉代皇宫中的壁画，仅见于记载的就有不少。此外，汉代兴厚葬之风，因此在墓葬中也保存了一批汉代的壁画。由于流行“事死如事生”的墓葬文化，因此墓室壁画大致能够反映墓主人生前的生活状况。西汉时，贵族官僚及富贾商户的园林也有所发展。不少官员和富商都建有私家园林，其规模也相当可观。

△ 唐，阎立本，《历代帝王图之汉武帝刘秀》

“陆上丝绸之路”起源于西汉，汉武帝派张骞出使西域开辟的以首都长安（今西安）为起点，经甘肃、新疆，到中亚、西亚，并连接地中海各国的陆上通道。“海上丝绸之路”是古代中国与外国交通贸易和文化交往的海上通道，该路主要以南海为中心，所以又称南海丝绸之路。海上丝绸之路形成于秦汉时期，发展于三国至隋朝时期，繁荣于唐宋时期，转变于明清时期，是已知的最为古老的海上航线。通过丝绸之路，中国与西域各国建立了广泛的联系，在商贸、文化、物产、宗教、艺术等方面进行了多元化多方式的交流。

二、秦汉时期的文学与绘画艺术

《史记》是西汉史学家司马迁撰写的中国历史上第一部纪传体通史，记载了上至上古传说中的黄帝时代，下至汉武帝太初四年间共3000多年的历史。

《史记》被列为“二十四史”之首，与后来的《汉书》《后汉书》《三国志》合称“前四史”，对后世史学和文学的发展都产生了深远影响。被鲁迅誉为“史家之绝唱，无韵之《离骚》”。

汉赋是在汉朝涌现出的一种有韵的散文，是汉代最流行的文体。它的特点是散韵结合，专事铺叙。赋的内容侧重“体物写志”。汉赋的内容可分为五类：一是渲染宫殿城市；二是描写帝王游猎；三是叙述旅行经历；四是抒发不遇之情；五是杂谈禽兽草木。以前二者为汉赋之代表。

△ 司马迁画像

秦汉时代的绘画艺术，大致包括宫殿寺观壁画、墓室壁画、帛画等门类，实物流传很少。长沙马王堆两座汉墓以及山东临沂全雀山九号汉墓的几幅彩绘帛的相继出土，弥补了汉初绘画资料的空白。在着色上，秦汉绘画广泛应用了朱、深红、浅红、黄、土黄、丹黄、青、绿、浅蓝、深黑、浅黑、白等颜色，并且充分发挥了色彩的性能和技巧，掌握了对比调和、清淡浓重色调的运用以及渲染平涂的技法。

△ 汉楚将，汉君车画像残石

通过文献的记载可得知，汉代的绘画艺术十分兴盛。从宫室殿堂到贵族官僚的府邸、神庙、学堂及豪强地主的宅院，几乎无不以绘画进行装饰。这一时期还出现一些可以移动观赏的绘画。这些作于木板或绢帛上的绘画被用来赠送，甚至可以买卖，这也是后来广为流行的卷轴画的雏形。“富者土木被文锦，贫者常衣牛马之衣”这既是汉代社会生活状况的真实写照，也是当时藻饰彩绘宫室屋宇的社会风习的反映。

△ 朱拓汉代画像砖

△ 君车出行，壁画，东汉熹平五年 70cm×134cm

△ 西汉帛画，《长沙马王堆一号汉墓帛画》

㊂ 秦汉时期的雕塑文化

秦汉时期的雕塑是在建筑装饰、陵墓装饰中发展的，形成雕塑史上的第一个高峰。秦汉雕塑主要包括石刻、玉雕、陶塑、木雕和铸铜等品种。

秦代雕塑在艺术手法上走向了写实的高峰，不仅体量巨大，而且深入细致。如秦始皇陵兵马俑，陵坑中整齐排列的兵将人俑、马俑、兵器等均 8000 件左右，气势恢宏，造型壮观。秦始皇陵铜车马是秦始皇陵的大型陪葬铜车马模型，以四匹马拉的战车，大小为真车马的二分之一。是目前发现年代最早、形体最大、保存最完整的铜铸车马。共有 2 组。1 号战车是立车、单辕双轮，车厢为横长方形，车门在车厢的后面，车上有圆形的铜伞，伞下站着御官，双手驭车，前驾四匹马。2 号车为安车，也是单辕双轮。车厢为前后两室，二者之间有窗，上车的门在后面，上有椭圆形车盖。车体上绘有彩色纹样。车马均有大量金银装饰。这两铜车马都是事先铸造而成，后又经过细部加工，工艺水平非常之高。

△ 秦始皇陵 1 号铜车马

△ 秦始皇陵 2 号铜车马

△ 战国时期至秦朝，杜虎符，陕西历史博物馆藏

△ 秦始皇兵马俑

汉代雕塑虽然不如秦代的高大与细致，但仍然保持了一定的写实性，更多了些运动感。如甘肃省武威市雷台汉墓出土的东汉铜雕“马踏飞燕”，马昂首嘶鸣，躯干壮实而四肢修长，腿蹄轻捷，三足腾空、飞驰向前，一足踏飞燕。既有风驰电掣之势，又符合力学平衡原理。此外，西汉中山靖王刘胜妻墓出土的青铜器“长信宫灯”设计十分巧妙，宫女一手执灯，另一手袖似在挡风，实为虹管，用以吸收油烟，既防止了空气污染，又有审美价值。

秦汉时代的雕塑严峻庄重，具阳刚之美，以其恢宏的气势和力量将中国雕塑推向了高峰。

△ 西汉，长信宫灯

△ 汉代，彩绘陶乐舞俑（一组 3 件），两乐师，一舞者

△ 东汉，《马踏飞燕》铜雕

四 秦汉时期的建筑特点

秦代建筑是在商周时期就已形成的基础上发展而来，但秦的统一促进了中原与吴楚建筑文化的交流，因此其建筑规模更为宏大，组合更为多样，造型上具有雄伟、浑厚、博大、瑰丽等特点。秦始皇统一全国后，集中全国人力、物力与六国技术成就，在咸阳修筑都城、宫殿、陵墓。据记载，秦始皇每灭亡一个国家，就会在咸阳附近按各国宫殿图样建造一处宫殿。

秦时期的建筑已开始依据使用者的身份，以及不同的使用功能来布置空间，宫殿建筑是当时权力和身份的象征。宫殿内皇帝席坐处筑有台，以显示其地位的威严和不可侵犯。由此可见，其空间是严格按照登记制度进行设计的。秦代在民居建筑方面并没有太大的发展，普通百姓的住宅大多沿用战国时期的建筑体制，多为夯土墙，木架构，屋顶覆瓦。秦代砖大量体现，不过仅限宫殿等高规格建筑使用。

△ 人物纹汉砖

△ 汉代，青龙瓦当

△ 汉代，白虎瓦当

△ 车马人物纹汉砖

△ 汉代，朱雀瓦当

△ 汉代，玄武瓦当

砖的发明是建筑史上的重要成就之一。“秦砖汉瓦”能形成专有名词，说明这一时期的建筑装饰成就辉煌。秦砖的纹饰主要有米格纹、太阳纹、平行线纹、小方格纹等图案以及游猎和宴客等画面。也有用于台阶或壁面的龙纹、凤纹和几何形纹的空心砖。汉代画像砖的制作更为普遍，内容也愈加丰富，如阙门建筑、各种人物、车马、狩猎、乐舞、宴饮、杂技、驯兽、神话故事以及反映生产活动的画面。

汉朝时期建筑业极大发展，史籍中关于建筑之记载颇丰。此时的建筑特点是高台建筑减少，多屋楼阁大量增加，庭院式的布局已基本定型。除了大规模建造宫殿、坛庙以及陵墓外，贵族官僚的苑囿私园也已经出现。

西汉百姓住宅平面多为方形或长方形，屋门开在房屋偏一边或是正中。规模较大的居室分门、堂及其附属建筑。墙壁以夯土建筑为主，构架以木结构为主。屋顶大多使用青瓦，为了采光和通风，墙面上设窗，但窗大多为固定式，不能开启。东汉时期，斗拱逐渐成熟，使用范围扩大，窗户也可以自由开启。汉代时民居较为朴素，很少有装饰。

五 秦汉时期的家具特点

秦汉时期，人们还是习惯席地而坐，所以低矮型家具得以大力发展。如席子、漆案、漆几等，可视为中国低矮型家具的代表时期。至东汉后期，胡床也由西域传入中原，人们的起居方式由席地而坐开始向以床榻为中心的生活起居方式转变，家具的品种和样式也由低矮型家具向渐高型家具演变。

△ 汉代彩绘云凤纹漆圆盒

汉代建筑由于封闭性差，北方地区寒冷多风，卧室内以炕为主。设置床榻时，床榻上多数安放各种屏风，有些物品可以直接放在屏风上的格架上。卧室中的床、炕等家具和设施陈设位置的上方往往设置帷幕，即使摆放架子床也是如此。此时床、榻、几、案、屏风、柜、箱和衣架等都发展起来。

△ 秦代彩绘漆木方盒，湖北云梦县睡虎地 43 号秦墓出土

榻是完全源于中国跪坐文化的家具，从汉墓壁画、画像石、画像砖中可以看到床榻频繁出现，说明其为盛行秦汉的主要家具品种。如河北出土汉代砾石带托角牙子单人榻，其造型方正，符合古代尺寸，甚为难得。

秦汉时期的青铜器家具逐步被木制家具所取代，此外，还有各种玉制家具、竹制家具和陶质家具等，并形成了供席地起居完整组合形式的家具系列。漆家具始于春秋战国，到了汉代到了兴盛的高峰。装饰图案向着程序化、图案化发展。彩绘的漆家具，色彩艳丽，除黑、红主要色彩外，有的还加上金银片、铜饰件、珠宝等作为配件进行装饰，更是华丽无比。装饰纹样上多采用云气纹、旋涡纹、变形蟠螽纹、菱格纹和飞禽走兽为主，这些纹样变化丰富，线条流畅生动。

第五节

魏晋南北朝——文化多元化发展期

一、历史背景

△ 北魏，云冈石窟，彩绘石雕交脚菩萨像

魏晋南北朝是中国历史上政权更迭最频繁的时期。由于长期的封建割据和连绵不断的战争，使这一时期中国文化的发展受到特别的影响，表现为玄学的兴起、佛教的发展、道教的创制及波斯、希腊文化的输入。在从魏至隋的三百六十余年间，以及在三十余个大小王朝交替兴灭过程中，上述诸多新的文化因素互相影响，交相渗透的结果，使这一时期儒学的发展也趋于复杂化。

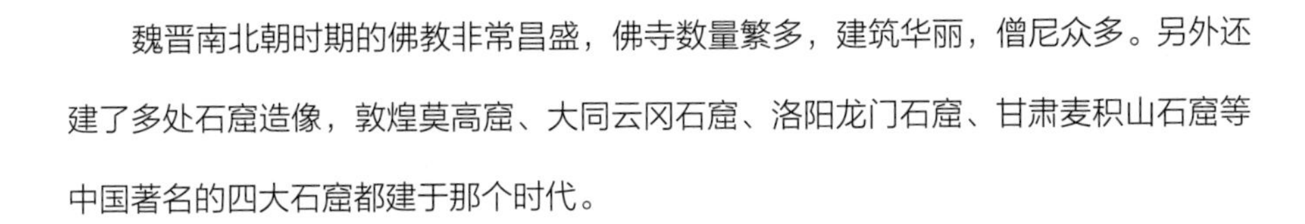

魏晋南北朝时期的佛教非常昌盛，佛寺数量繁多，建筑华丽，僧尼众多。另外还建了多处石窟造像，敦煌莫高窟、大同云冈石窟、洛阳龙门石窟、甘肃麦积山石窟等中国著名的四大石窟都建于那个时代。

△ 北齐，北响堂山中窟，彩绘石雕菩萨头像

魏晋南北朝时期各民族的交流较为频繁，加之丝绸之路带来的沿路国家的文化交流，使该时期的雕塑创作呈现多姿多彩，多种文化融入的特色。比如“曹衣出水”式的西域画风；高鼻通额、拙朴厚重的印度造像；北游牧民族的豪迈矫健。这个时期的雕塑特点为较注重细部的刻画，技术更纯熟，雕塑形象和题材大都为宗教题材，因而雕塑形象具有神化倾向和夸张的特征。

△ 明，仇英，《竹林七贤图》

△ 青州龙兴寺遗址出土东魏背屏式造像

二、魏晋南北朝时期的文学与书画艺术

魏晋南北朝文学是典型的乱世文学，文学创作多为生死、游仙、隐逸等主题。魏晋南北朝文化名人众多，如曹植、王粲、刘桢、阮籍、陆机、左思、陶渊明、谢灵运等，其中“采菊东篱下，悠然见南山”的陶渊明被称为“古今隐逸诗人之宗”。

此外，魏晋书法承汉之余绪，又极富创造活力，是书法史上的里程碑，奠定了中国书法艺术的发展方向。除了楷、行、草等字体在广泛的应用中得到迅速完善，还出现了如王羲之、王献之等多位在历史上极具影响力的大书法家，在风格的开创和典范的树立上有无可取代的意义。

魏晋南北朝时期知名画师涌现，绘画表现能力有较大提高，由简略变为精微，造型准确，注意传神，风格也趋多样。发展得最为突出的是人物画（包括佛教人物画）和走兽画。山水画的逐步独立是直到南北朝后期才趋于完成。绘画形式在保留前朝的壁画、漆画、画像石和画像砖的同时，出现了纸绢卷轴画，这一形式多出自士大夫画家之手，极利于收藏和流传。

南北朝时期，如果说南朝画家以木结构的寺院为创作中心，那么北朝画家则是以石窟佛寺为活动场所。甘肃敦煌莫高窟经历代开凿，如今已有 492 个洞窟，4.5 万平方米的壁画，是世界现存最大的佛教艺术宝库。

△ 东晋，顾恺之，《洛神赋图卷》（局部），北京故宫博物院藏

△ 东晋，顾恺之，《女史箴图卷》（局部），英国伦敦大英博物馆藏

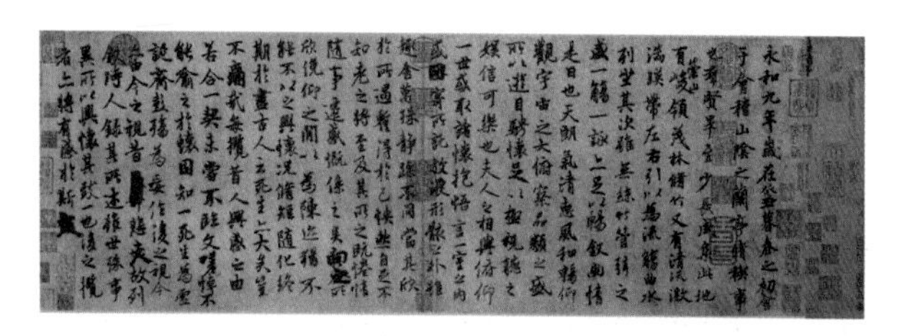

△ 东晋，王羲之，《兰亭集序》

三、魏晋南北朝时期的建筑特点

魏晋南北朝时期的建筑不及两汉期间诸多生动的创造和革新，由于佛教的传入引起了佛教建筑的发展，这个时期最突出的建筑类型是佛寺、佛塔和石窟。高层佛塔已经出现，并带来了印度、中亚一带的雕刻、绘画艺术，不仅使我国的石窟、佛像、壁画等有了巨大发展，而且也影响到建筑艺术。使汉代比较质朴的建筑风格，变得更为成熟、圆淳。此外，随着佛教在民间的影响逐渐加大，一些与佛教相关的装饰纹样开始被应用到建筑装饰中，如莲花纹等。同时，两晋名人雅士推崇道教，一些与道教相关的纹饰也被应用于建筑装饰，如八卦纹等。

南北朝开始，中国建筑发生了较大的变化，建筑结构逐渐由以土墙和土墩台为主要承重部分的土木混合结构向全木构发展。砖石结构有长足的进步，可建高数十米的塔。建筑风格由古拙、强直、端庄、严肃、以直线为主的汉风，向流丽、豪放、遒劲活泼、多用曲线的唐风过渡。

四、魏晋南北朝时期的家具特点

魏晋南北朝时期，各民族之间文化、经济的交流对家具的发展起了促进作用。由于佛教的发展和当时各民族的大融汇，高型坐具开始出现，垂足而坐的习俗已经问世。高型坐具的品种增多，除了胡床之外，又增加了椅、凳、墩、双人胡床等。人们开始习惯垂足而坐，对传统的席地而坐是一次根本性的冲击，宣告了中国历史上起居方式革命的开始。此时新出现的家具主要有扶手椅、束腰圆凳、方凳、圆案、长杌、橱，并有笥、簏（箱）等竹藤家具。

△ 东晋顾恺之所绘围屏架子床

魏晋时期仍是以床为中心的生活方式。床是当时一物多用的坐卧具，既要利于宴饮叙谈，又要便于起坐睡卧，所以床、榻的新形式不断出现。三扇屏风榻，四扇屏风榻床等在贵族人家非常流行。这个时期床、榻的高度增加，床体加大。另外，三足凭几的出现，为圈椅靠背的问世做了很好地铺垫。家具上出现了与佛教有关的装饰纹样，如具有莲花瓣装饰的坐墩，家具纹样中的莲花纹、火焰纹、卷草纹、狮子、金翅鸟等，反映了魏晋时代的社会风尚。

△ 南京象山出土的东晋墓足凭几

这一时期的家具，一改前代的正统汉风，以崭新的高型坐具和垂足而坐的新习俗，揭开了中国家具历史的新篇章。

△ 悬空寺建成于 1400 年前北魏后期，位于翠屏峰的峭壁间

第六节

隋唐——昌明繁盛的盛世文化

一 历史背景

从公元 581 年隋朝建立，到 907 年唐朝灭亡，是我国历史上著名的隋唐盛世。规模空前统一和强盛，使隋唐的文化艺术达到了辉煌灿烂的高峰。诗歌、散文、书法和石窟艺术等，进入了我国历史上的黄金时代。

隋唐时期，采取开放政策，不仅大量吸收外域的有用文化，而且将中国繁荣发达的传统文化传播到世界各地。中国的丝绸、瓷器、造纸术、印刷术西传，印度、中亚文化也给中国文化发展以深远的影响，如服饰、习俗、饮食、语言、艺术、科学、历法、数学、医药、宗教、物产纷纷传入中国。

△ 敦煌壁画中的唐代建筑

在这个时期，中国传统的儒学文化得到了整理，道教文化在政府扶植下有了发展，佛教发展达到兴盛的顶峰，佛学水平超过了印度，使中国成为世界佛教的中心。文化政策相对开明，使这时的科学技术、天文历算进步突出，文学艺术百花齐放、绚丽多彩。诗、词、散文、传奇小说、变文、音乐、舞蹈、书法、绘画、雕塑等，都有巨大成就，并影响着后世与世界各国。

△ 唐大明宫复原图

由隋入唐，中国古代服装也发展到全盛时期，生产和纺织技术的进步，对外交往的频繁等促使服饰空前繁荣，唐代服装的款式、色彩、图案等都呈现出前所未有的崭新局面，特别是妇女服饰呈现出时装性，在中国服装史上写下精彩华丽的篇章。唐代青瓷主要产在南方，以越窑的秘色瓷最名贵。白瓷主要产于北方，以邢窑最盛，形成了“南青北白”的美誉。陶瓷业的唐三彩，为后代彩瓷的产生开辟了道路。

△ 唐，周昉，《簪花仕女图》（局部）辽宁省博物馆藏

隋唐时期对外交往广泛，外来的装饰图案、雕刻手法、色彩组合等方面，大大丰富了当时的建筑设计。同时，很多外来装饰纹样极富特色，如当时盛行的卷草纹、连珠纹、宝相花纹等。与外来元素的搭配使用，使隋唐时期的建筑以及家具装饰显得更加绚丽多彩。

二、隋唐时期的文学与书画艺术

唐代时期，诗歌的内容广泛，艺术精湛，数量繁多，成为我国诗歌史上的最高峰。此外，书法和绘画在这个时期也极为鼎盛，不但出现了较多的大书法家，而且在书法理论研究和专著上也远胜于前代。欧阳询、颜真卿、柳公权、褚遂良是唐代书法名家中的佼佼者，他们创造的欧体、颜体、柳体、褚体精妙绝伦，成为楷书艺术史上至今无人逾越的高峰。草书在唐代形成了鼎盛的局面。初唐的孙过庭擅长草书，取法王羲之、王献之，笔势坚劲。不过要论唐代草书的巅峰，莫过于盛唐的张旭、怀素，并称“颠张醉素”。

隋唐时期的绘画，无论是种类，还是技巧，都显示了绘画艺术的高度发展。隋代绘画成就显著，人物肖像画、生活风俗画、自然山水画也逐渐进入成熟阶段。唐代绘画是中国封建社会绘画的巅峰，其艺术成就光耀后世。唐代人物画仍然是主流，山水画和花鸟画也开始占据一定地位。阎立本作为唐代初期著名画家，其画迹流传到今天的还有《历代帝王图卷》《步辇图》等七八种之多。其中《历代帝王图卷》中有由汉至隋 13 个帝王的肖像，以人物面部的特征，提示人物的精神状态。而《步辇图》则反映了文成公主与藏王松赞干布联姻的历史事件，画中描绘了唐太宗接见吐蕃使者的情景。唐代中期最杰出的画家是吴道子，他一生主要创作壁画，作品数量多得惊人，但没有一幅相同。他的画注重线条变化，立体感强，风格奔放，开后世写意画之先河，后世称其为“画圣”。晚唐至五代，士大夫和名门望族们以追求豪华奢侈的生活为时尚，许多重大社交活动都由绘画高手加以记录。

△ 唐，阎立本，《步辇图卷》（局部）北京故宫博物院藏

△ 唐，吴道子，《送子天王图》

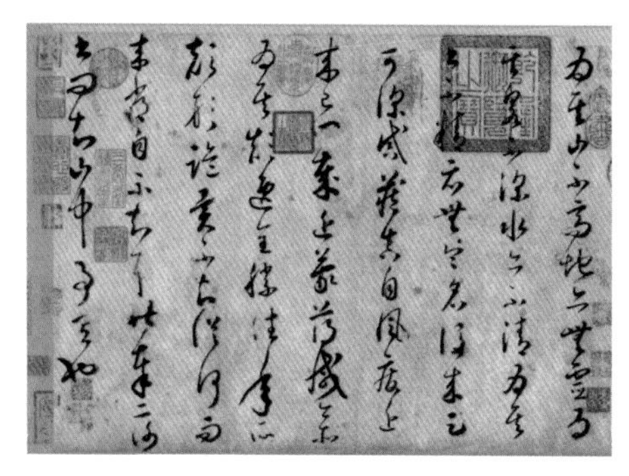

△ 唐，怀素，《论书帖》纸本

△ 唐，张旭，《肚痛帖》

唐代的石窟艺术有了很大的发展。坐落在今天甘肃西部的敦煌莫高窟，其中大部分的洞窟是隋唐时期开凿的。莫高窟汇集了大量精美的壁画，塑造了无数尊形象生动的塑像，是世界最大的艺术宝库之一。莫高窟的塑像共有 2400 多尊，隋唐时期的占了近一半。最大的佛像高达 33 米。

三 隋唐时期的雕塑艺术

隋唐时期的雕塑融合了南北朝时期雕塑艺术的成就，又通过丝绸之路汲取了域外艺术的养分，雕塑艺术到盛唐时大放异彩，创造出许多具有时代风格的不朽杰作。雕塑主要可分为陵墓雕刻、随葬俑群、宗教造像；此外还有一些建筑上的雕塑和日用品装饰雕塑。

陵墓雕刻的昭陵六骏，马的姿态或伫立、或缓行、或急驰，雕工精细，形体准确，造型生动，是初唐大型浮雕的代表作。唐代的随葬俑群也有了很大的进步，唐三彩技术的运用令陶塑色彩纷呈，造型上也变得更为生动。比如女侍高髻长裙，面容丰腴，显示出唐代崇尚的杨玉环式的美感，代表了唐代人物圆雕的高度成就。动物雕塑也极传神，骏马体态劲健，或伸颈嘶鸣，或缓辔徐行，或昂首伫立，加上马具华丽，釉色晶莹，至今仍为人们所喜爱。

唐代宗教造像，以佛教为主，也有道教造像。包括石窟寺中的石雕和泥塑、摩崖大像和造像龛、供寺庙内供养的石雕和金铜造像以及石质经幢的雕刻等。唐代石雕的精品以龙门石窟最为集中，著名的奉先寺卢舍那大像龛为其中的代表作。另外，天龙山石窟的菩萨像，躯体形成流畅的弧曲形态，极富美感。

△ 龙门奉先寺卢舍那大像龛

△ 唐，三彩陶仕女俑

△ 唐，彩绘描金天王俑

△ 唐马，英国牛津大学博物馆藏

△ 唐，昭陵六骏

唐代瓦当和砖纹以莲花图案为主，莲瓣多为宝装形式，呈高浮雕状。唐代砖雕技艺更加精细，立体感更强，这一时期盛行花砖铺地，纹样以宝相花、莲花、葡萄、忍冬为主，花形比较饱满，易于连续铺装。

唐代铜镜在造型上突破了汉式镜，创造出各种花镜，如葵花镜、菱花镜、方亚形镜等。图案除了传统的瑞兽、鸟兽、画像、铭文等纹饰之外，还增加了表现西方题材的海兽葡萄纹，表现现实生活的打马球纹等。

唐代的玉雕与同期的绘画雕塑艺术同步发展，题材上越来越丰富，装饰图案有卷草云纹、莲花纹、连珠纹等；人物形象有汉人、胡人或西亚人、骑士、文武侍、乐技人等；动物形玉雕有狻猊、鹿、牛、马、羊、鹰、雁、孔雀、鹭鸶、鹤等；植物图案雕刻有莲花、牡丹花、宝相花等。

△ 唐，天德重宝纹砖雕

△ 唐，白玉龙形玉佩

△ 唐，瑞兽葡萄纹镜

△ 唐，瑞兽菱花镜

四 隋唐时期的建筑特点

隋唐时期是中国封建社会经济文化发展的高潮，在建筑技术和艺术上也有巨大发展。隋唐时期的建筑风格特点是规划严整、气魄宏伟，舒展而不张扬，古朴却富有活力。建筑发展到了一个成熟的时期，形成了一个完整的建筑体系。

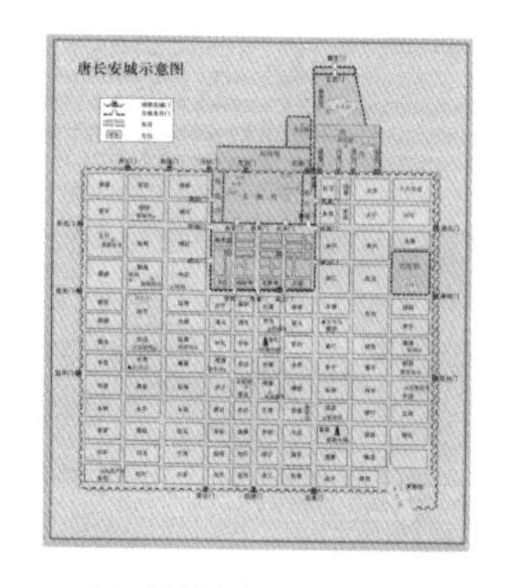

△ 唐长安城规划示意图

隋唐时期的建筑艺术已发展到对城市规划、群组布局、建筑组合体、单体建筑统一考虑的水平，甚至当时通行的用模数控制设计的方法，也由单体建筑扩大到群组布局和整个城市的规划之中。唐代单体建筑特点是屋顶坡度平缓，出檐深远，斗拱比例较大，柱子较粗壮，多用板门和直棂窗，风格庄重朴实。唐代建筑中最著名的组合体是大明宫麟德殿，在敦煌唐代壁画中也可以看到组合体的形象。

△ 唐乾陵无字碑，为武则天所立

院落式布局是中国古代建筑的重要特色，其特点和优点在隋唐时期已完全形成，并沿用到明清。院落式布局是指在主体建筑前方建门，左右建附属建筑，用廊庑环绕形成封闭院落。大型建筑群由多个院落组成，且有一个主院落为主体。院落布局的优点是主建筑面向庭院，不直接对外；可按需要设计院落的形状、尺度，布置景观，造就开敞、幽邃、严肃、活泼等不同环境效果，可通过门和道路组织最佳观赏路线，可通过重重廊庑增强纵深感。

隋唐时期的住宅没有实物遗留下来，根据保存下来的文献和书画可知，这一时期贵族住宅的大门多采用乌头门的形式，唐代时期盛行直棂窗，一些装饰性较强的窗出现了。

△ 五台山佛光寺大殿为晚唐原构的典范之作

五 隋唐时期的家具特点

唐末至五代是中国家具形式变革的过渡时期。人们的起居习惯仍然是席地跪坐、伸足平坐、侧身斜坐、盘足迭坐和垂足而坐并存，但垂足而坐的方式由上层阶级开始逐渐遍及全国，出现了高低型家具并存的局面。由于垂足而坐成为一种趋势，高型家具迅速发展，并出现了新式高型家具的完整组合。典型的高型家具，如椅、凳、桌等，在上层社会中非常流行。此时的唐代家具，具有高挑、浑圆、丰满、华贵的特点，以木质家具居多。

△ 五代，顾闳中，《韩熙载夜宴图》局部

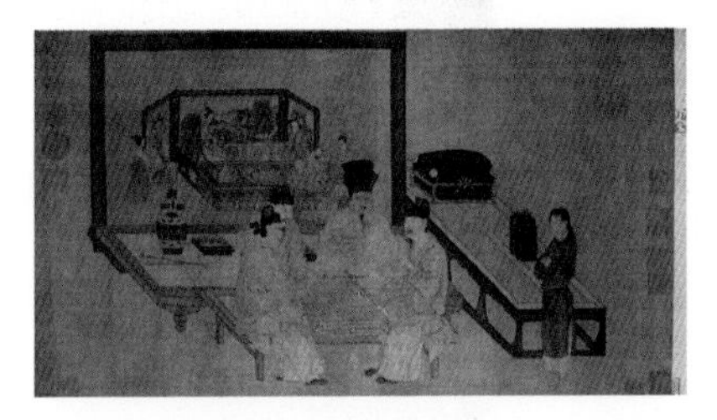

△ 五代，周文矩，《重屏会棋图》从文人会棋的画面中，可以看出坐具、榻、屏风等家具都已发展成熟

△ 唐，周昉，《宫乐图》贵妇们座下是月牙凳，凳面略有弧度，符合人体工学

△ 唐，周昉，《调婴图卷》中出现的大方床

五代画家顾闳中的《韩熙载夜宴图》画面清晰地展示了五代时期家具的使用状况。全图分五段：听乐、观舞、暂歇、清吹、散宴，用屏风间隔开，图中凳、椅、几、榻、屏风等家具都已完备。

唐代的凳类家具形式丰富，摆脱了直腿无撑的原始凳类家具形态。新出现的凳类家具有四足方凳、长凳以及腰凳等。其中腰凳又称月牙凳，是唐代家具的新品种，腿部作大的弧线弯曲，配以精雕的花纹、华美的彩穗以及编织的坐垫等细节，既美观又舒适。坐墩到了唐代又有了新的发展，出现了鼓墩、莲花坐墩、藤编鼓墩等。

唐代家具在造型上独具一格，大都宽大厚重，显得浑圆丰满，具有博大的气势和稳定的感觉。豪门贵族们所使用的家具在装饰上更加华丽，在唐画中多有写实体现。家具出现了复杂的大漆彩绘和雕花的花卉图案，从唐代敦煌壁画上除了可以看到鼓墩、莲花座、藤编墩等，还有形制较为简单的板足案、曲足案、翘头案等。

第七节 宋代——淡雅远逸的美学高峰

一 历史背景

两宋时期的社会物质文明和精神文明达到了中国封建社会的高峰，在唐代一些富豪之家所用的华丽器物，在宋代已是百姓寻常之物。而宋代美学也随之发展成为中国古典美学思想上的顶峰。如果说唐代的美学是“激情昂扬而不乏韵致，风骨俊健而不失婉媚”，而到了宋代美学转变为“远逸平淡中夹着韧筋铮骨，亲切宜人里透着精巧雅致”。如今，宋代已再不仅仅是一个朝代的名称，而演变成了艺术史中一个独特的美学符号。当时的美学是要求绝对单纯，就是圆、方、素色、质感的单纯。

两宋时期经济技术的发展，使得此时期的室内装饰也达到新的高度，并为明清室内设计的发展打下了良好的基础。建筑外观多使用彩画、雕刻的形式，色调以青绿色为主。在家具陈设方面，宋代家具形体倾向简洁、纤秀。宋代的室内空间开阔且富有层次，整体格调幽静淡雅，中轴对称式布局贯穿整个场景。在对室内功能区域的划分上，多以帷幔、卷帘、屏风、书柜等参与分割、遮蔽。

△ 宋，王诜，《绣栊晓镜图》

从遗留下来的壁画和绘画作品中可以发现，两宋时期的室内色彩非常丰富，形式多样化，很多都可以在家具、丝织品、工艺品上体现出来。印染工匠因此特别发展了由银灰到黝黑数十种深暗色的织染方法。

△ 宋，张择端，《清明上河图》

△ 宋，赵佶，《文会图》

△ 南宋，刘松年，《宫女图》

二、两宋时期的文学与书画艺术

唐诗宋词并称中国文学的双绝，代表一代文学之盛。词是曲子词之简称，承袭汉魏乐府，源于民间，始于唐，兴于五代，盛于两宋。受到外来音乐影响，是一种既可和乐歌唱又有独特体制的诗歌体。词作能够大行诗文之道，其中还是有着极为重要的社会原因。唐诗的繁荣发展，为宋词走上兴盛的道路也打下了较为稳定的基础。除此之外，在语言和修辞艺术等方面，唐诗也给宋词做出了一个极其优秀的榜样，成为典范。词一开始是由民间的艺人、群众创作出来的，仅供日常的休闲娱乐之用。但是到了宋朝时期，有更多的文人士大夫加入到了词作的创作当中，使得词人队伍越来越壮大。在这种时代背景之下，文人士大夫的词作也表现出来了一种较为普遍的创作倾向。

△ 南宋，马远，《踏歌图》

宋朝的理学影响了两宋艺术，使其呈现出理性克制之美。颜色、形状、质感的单纯素朴，是宋代的美学特征。如果说唐代绘画反映豪迈雄阔的大唐气象，那么宋画则反映了宋代清雅温和的文士气质。宋代除人物画继续发展之外，山水画、花鸟画达到了超越前朝的高峰。北宋的城市繁华，也引发了画家记录市井面貌的画作，举世闻名的宋画《清明上河图》由张择端创作，画高 25 厘米，横长 5 米。他以精致的工笔描绘了北宋都城汴京清明时节的繁华热闹景象，从市郊到汴河再到都城汴京街景，高处鸟瞰、移步换景。人物熙攘，房屋鳞次，商铺栉比，细致生动。此外，文人也积极参与到绘画之中，知名的画家有苏轼、黄庭坚、李公麟、米芾、王维、顾恺之等。以李公麟为代表的鞍马人物画，以郭熙为代表的山水画，以崔白为代表的花鸟画，在内容及艺术上都展示出崭新的风貌。

△ 宋，崔白，《双喜图》

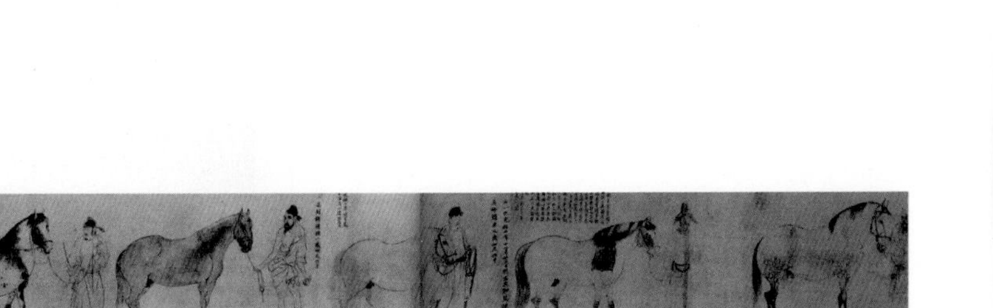

△ 宋，李公麟，《五马图》

△ 宋，马远，《梅石溪凫图》

三 两宋时期的瓷器艺术

宋瓷是中国瓷器发展史上的高峰，无论在烧造工艺、器形种类、艺术造型上都可谓登峰造极。它们典雅含蓄、质朴内敛，极具东方文化之韵。这种审美特征的形成与当时的美学思想密不可分。现时已发现的 170 座古代陶瓷遗址，宋代窑址就有 130 个，占总数的 75%。宋代出了许多名窑，其中最能代表宋瓷成就的有五个：定窑、汝窑、钧窑、官窑、哥窑。

△ 南宋—元，青瓷莲瓣碗

宋瓷官窑器型常见素器，并且大量仿烧古代的青铜器、陶器形制，颜色也仅以青、灰、白、玫瑰紫、铁褐色几种为主。五大名窑中汝窑、官窑、钧窑均为青瓷，钧窑由于窑变色难以控制，因此会出现玫瑰色、铁褐色等颜色。定窑、哥窑为白瓷，哥窑由于工艺特殊，呈现仅此一家的“金丝铁线”。大量的盘、炉、瓶也就是摹古仿旧，没有任何装饰，全靠线条流畅，颜色微妙取胜，留下来精美的传世作品。此外，宋瓷的纹饰极其多样，花卉是主要装饰图案之一，龙、凤、鹤、麒麟、花鸟、婴戏等也是常见题材。

△ 南宋，官窑鬲式炉

宋瓷中民用瓷的装饰手法十分丰富，按装饰方式可分为胎装饰、釉装饰、彩绘装饰、书法装饰，同时又有刻、印、划、戳、剔、贴塑、镂雕等技法，这些技法或单独使用，或几种结合使用，充分体现了陶瓷的装饰美与实用美。

△ 宋，哥窑葵花洗

宋瓷的器型不仅具有形态美，在合乎比例的基础上，更是将功能形态发挥到了极致。梅瓶与玉壶春瓶是宋瓷器型的典型代表。两种器形变化的弧线柔和、匀称，具有和谐的对称关系。梅瓶的造型特点是小口、丰肩、短颈，瓶体修长，丰肩圆腹的造型使其功能得到更好的发挥。玉壶春瓶与直颈瓶的造型具有严格的对称性与均衡性，瓷器秀气却不失庄重，符合结构性原理。

△ 宋，耀州窑青釉刻花玉壶春瓶

四 两宋时期的建筑特点

两宋时期在建筑构造与造型技术等方面都达到了很高的水平，建筑方式也日渐趋向于系统化与模块化。建筑物的类型丰富多样，其中杰出的建筑都是佛塔、石桥、木桥、园林、皇陵与宫殿。由于追求把自然美与人工美融为一体的意境，因此这一时期的建筑，一改唐代雄浑的特点，给人一种纤巧秀丽的感觉。此外，为了增强室内的空间与采光度，通常会采用减柱法和移柱法，梁柱上硕大雄厚的斗拱铺作层数增多，此外，还出现了不规整形的梁柱铺排形式，跳出了唐朝梁柱铺排的建筑模式。

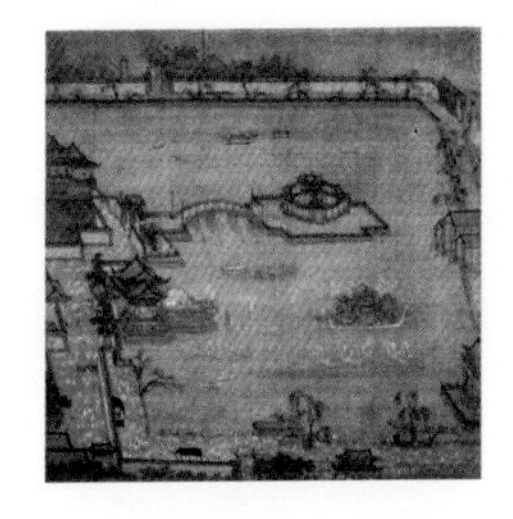

△ 宋，张择端，《金明池争标图》

宋代建筑着力于细部的刻画，不仅一梁一柱都要进行艺术加工，而且对于装修和装饰更要着力细致处理。如一些宗教建筑中，会设计供神灵居住的“天宫楼阁”，将虚幻中的极乐世界展现在人们的眼前。在墓葬建筑中，出现了墓主观戏、墓主夫妻饮宴、墓主出行和回归等题材的壁画或雕刻，期望将生活中美的感受永远保存下来。这些壁画和雕刻对后来的民间图案发展有着指导性的意义。

△ 宋，李嵩，《朝回环佩图》

木结构建筑采用了“材”为标准的模数制和工料定额制，使建筑设计施工达到了一定程序的规范化。宋代砖石建筑的水平不断提高，浙江杭州灵隐寺塔、河北赵县的永通桥等均是宋代砖石建筑的典范。

△ 宋，李嵩，《水殿招凉图》

两宋时期，油漆得到大量使用，使颜色十分突出。在窗棂、梁柱与石座的雕刻与彩绘的变化十分丰富，柱子造型更是变化多端。

宋代《营造法式》中有详细记载室内铺地使用方砖的具体做法，在铺贴之前要先磨砖面，使其表面平整。磨砖的方法是两砖对磨。然后四边进行软磨，用尺校正，使各边平整。目的是使砖的拼合更加完美，地面整洁平整。这种铺砖的方法一直沿用至明清。

△ 宋，李嵩，《高阁焚香图》

宋朝出现了完整的建筑技术书籍：由李诫所著的《营造法式》，是在两浙（今浙江）工匠喻皓《木经》的基础上编成的。收集整理了建造施工中各工种操作规程、技术要领及各种建筑物构件的形制、加工方法等内容。内容丰富，阐述精确，堪称是中国古代最优秀的建筑著作。

五、两宋时期的家具特点

宋代是中华民族的起居方式由席地坐转变到垂足而坐的重要时期，生活方式的改变导致家具的尺寸比例也发生相应的变化，主要体现在家具高度的增加，可以说真正确立了中国高型家具的地位。

宋式家具是明清家具之源，它纯朴纤秀的造型和合理精细的结构，为中国传统家具黄金时代的到来打下了坚实的基础。长凳、圆凳、方凳、扶手椅、靠背椅、圈椅等高型坐具的使用在当时已十分普遍，高型桌案也应运而生，除了承袭前代的式样外，这一时期高型家具的品种基本齐全。在家具的装饰上，不再重视复杂的细节雕琢，而是在局部加以点缀。观其外简洁利落，观其内隽永挺秀，与宋人简洁朴素注重内在的审美观更佳契合。

△《宋人十八学士图轴》绘的虽是唐代的事，但从画中可以看出宋代家具发展已经较为成熟，榻、桌、几、椅、凳、屏风等一应俱全

宋代家具借鉴建筑的梁架结构，取代了隋唐的箱型壸门结构。开始使用束腰、罗锅枨、矮佬、霸王枨、马蹄、蚂蚱腿、云兴足、莲花托、马蹄脚等部件，部件之间多以榫卯结构固定而成，并更加关注家具的外形尺寸以及结构与人体的关系，使家具结构更趋合理。

宋代家具虽然以使用就地取材的软木为主，但也不乏以硬木制作家具的史料记载。宋代家具使用的材料有木、竹、藤、草、石等，并以木材为主，其种类繁多，多就地取材，其中有杨木、桐木、杉木、楸木、杏木、榆木、柏木、枣木、楠木、梓木等柴木，乌木、檀香木、花梨木（麝香木）等硬木。

圈椅	 圈椅也被称为圆椅，装饰上承袭唐、五代风格，搭脑与扶手顺势缓行而下，有的扶手末端再向后反卷，造型已趋于完美。随着椅子坐高的增加，宋代圈椅已经具备后世经典明式圈椅的大体造型特征。
玫瑰椅	 宋代玫瑰椅的结构简练，主要体现的是功能性的结构，构件多细瘦有力，几乎将框架式结构精简到了无法再减的程度，故而没有材料与工艺上的浪费，后来西方现代主义设计中的一些简洁风格的家具与此是不谋而合的。
靠背椅	 靠背椅的造型尽管并不复杂，但宋人将其发展得丰富多彩。从现存绘画和出土实物看，宋代靠背椅的搭脑多为出头式，向两侧伸出很多，与宋代官帽的幞头展翅有一定联系，在形式感上也增加了对比性。
交椅	 交椅带有靠背和扶手。在宋画《蕉荫击球图》中所绘的交椅，造型上吸收圈椅的靠背，增加了靠背和扶手，这样就可以倚靠、扶持。交椅最大的特点是体量轻，由于腿部是交叉设计，可以折叠放置，方便携带。
桌案	 宋代桌子有高矮之分。桌面是矩形，桌腿是圆形，结构比例合理，形体纤细，腿间不加帐，只在腿上端施以夹头榫式花牙子。矮桌的高度主要在席地和炕居时使用。这类桌案根据不同的空间环境设置的高度和大小也不同。大体分为“酒桌”“茶桌”“地桌”等。
屏风	 宋代室内空间中屏风也是重要的家具之一，起到隔断的作用，经常与床榻放置在一起。屏风的类型主要有独屏和多屏。屏风主要由底座和屏身组成。底座由原来简单的结构发展成为由底墩、桨腿站牙、横木三部分组合而成。而屏身又由屏框、方格架、屏心组成。

第八节 元代——多民族文化交流与融合

一、历史背景

元代是中国历史上首次由少数民族建立的大一统王朝，相对而言，元代立国时间也比较短。

由于蒙古人是游牧民族，其居所经常是处于迁移之中的帐篷，因此室内家具大多方便携带，如矮脚的展腿式桌子等。虽然统治者是蒙古族，但传统文化并没有中断，采用的政策仍是汉制。由于这一时期的经济、文化发展缓慢，建筑发展基本处于凋敝状态，整体的建筑风格显得简单粗糙。

元代的装饰在不同程度上有其独特的风格特色。源于除继承前朝的艺术风格之外，更是融入了少数民族特有的风格。元代时期室内地面材质有砖砌、瓷砖、大理石，但更多的是铺地毯。柱子以云石或琉璃贴面，再以华丽的织物，或者金箔、银箔来装饰。天花也常常悬挂织物装饰，这在以前是很少出现的。经常在家具上饰以金属件，一方面取其装饰性，另一方面具有加固的功能，这些都反映出游牧民族对于家具耐度的需求。在装饰上多用一些圆雕和高浮雕的造型，很少使用浅雕和线雕，更加强调立体效果和远观效果。在题材上，更多用花草、鸟兽、云纹、龙纹，其中花草纹最为多见。此外，较喜欢用曲线，如卷珠纹的运用。但无论是雕刻还是绘画都要极力表现如云气流动般的气势，这也体现了游牧民族的特点。

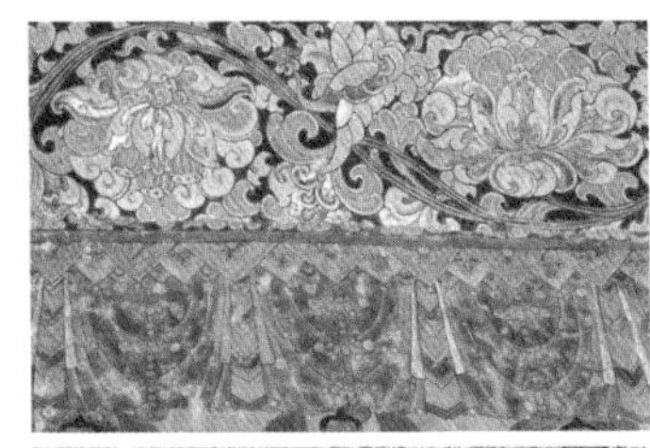

△ 元代石窟藻井装饰纹样

△ 元，剔红仕女婴戏图漆盘

△ 泉州清净寺是国内现存最早、最古老的具有阿拉伯建筑风格的伊斯兰教寺

△ 山西芮城永乐宫始建于元代，施工期前后共 110 多年，才建成了这个规格宏大的道教宫殿式建筑群

二 元代的文学与书画艺术

元代成就最高的文学形式是元曲。元曲又分元散曲和元杂剧。元代读书人地位极低，在社会上没有好的出路，也积极参与到元曲创作中，提升元曲的格调和内涵，使之日益典雅精致，从音乐词句向书面文学发展。元代散曲能成为与唐诗宋词比肩的文学形式，与它的思想内容的升华和表达形式的活泼密切相关，反映了大量元代社会的黑暗现实，主题深刻。元代杂剧成就更为瞩目，诞生了元曲四大家，分别为：关汉卿、白朴、郑光祖、马致远。

元朝建立后，社会现实和审美的取向与宋不同，艺术的教化意义被削弱，强调创作的主体精神，绘画成为抒情言志，怡情养心的手段。元代绘画以山水画为最盛，其创作思想、艺术追求、风格面貌均反映了画坛的主要倾向，影响后世也最深远。山水画代表人物有赵孟頫、吴镇、黄公望、王蒙、倪瓒等名家。其中赵孟頫是画坛上承前启后的重要人物，对于文人画成为画坛主流做出了重要贡献。提倡画“贵有古意，若无古意，虽工无益”，并把“古意”与士大夫画“不求形似”的主张结合起来，确立了元代绘画艺术思维的审美标准。代表作有《水村图》《人骑图》《红衣罗汉图》《洗马图》《秀石疏林图》《松石老子图》等。

△ 元，赵孟頫，《浴马图》卷（局部）

△ 元，王冕，《墨梅图》

△ 元，王渊，《桃竹锦鸡图》

△ 元，黄公望，《快雪时晴图》

△ 元，敦煌壁画，《长眉罗汉像》

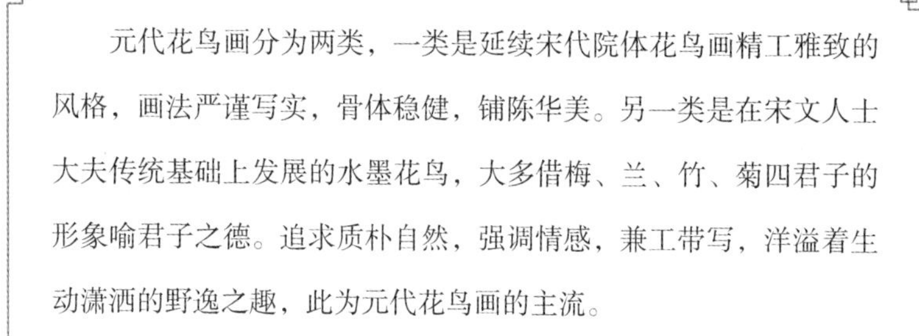

元代花鸟画分为两类，一类是延续宋代院体花鸟画精工雅致的风格，画法严谨写实，骨体稳健，铺陈华美。另一类是在宋文人士大夫传统基础上发展的水墨花鸟，大多借梅、兰、竹、菊四君子的形象喻君子之德。追求质朴自然，强调情感，兼工带写，洋溢着生动潇洒的野逸之趣，此为元代花鸟画的主流。

元代盛行用壁画装饰皇家宫殿和贵族达官的府邸。据文献记载，元代宫中建嘉熙殿，一些著名画家如商琦、唐棣等人曾应召为该殿画壁。一些贵族、达官为附庸风雅，也请名画家在府邸厅堂内画一些山水、竹石、花鸟一类题材的壁画。元代壁画的盛行，给一大批民间画工提供了施展聪明才智的天地，从而使得唐宋以来吴道子、武宗元等人的优秀壁画得以继承和发扬。

△ 元，永乐宫壁画，《朝元图》

三、元代的瓷器艺术

△ 元青花瓷瓮

元代青花瓷，简称元青花。元青花是一种用钴料在瓷胎上绘画，再施以透明釉，在高温下一次烧成的釉下彩瓷。蓝色的花纹与洁白的胎体交相映衬，浑然一体，宛若一幅雄奇瑰丽的水墨画。元青花上承宋瓷，下启明清，是中国陶瓷史上一个重要的里程碑。元青花的瓷胎、釉是从宋代青白瓷发展而来的，成熟的青花瓷出现在元代的景德镇。

△ 元青花瓷盘

元青花器型丰富、颜料奇特、纹式多样、域外风格，是备受后世推崇和藏家青睐的主要原因。元青花的题材非常多，有花卉、鱼藻、翎毛走兽、龙凤、人物等图案，开了中国陶瓷装饰的先河。特别是人物故事情节的图案，在此前较为少见。现存的首都博物馆的《昭君出塞罐》、湖北省博物馆的《青花四爱图梅瓶》、南京市博物馆《萧何月下追韩信梅瓶》等，故事图案大多画在玉壶春瓶和大罐等观赏瓷上。

另外由于文人参与青花瓷的绘制，令元青花无论是画工和图案，都变得更为精细，较以往有了质的飞跃。如湖南省博物馆的“蒙恬将军”玉壶春瓶，人物刻画栩栩如生，格外传神。此外蕉叶、竹、松石的用笔也极具文人画的写意洒脱，构图严谨考究。

四、元代的建筑特点

元代建筑和装饰在继承宋、金建筑特点的基础上，吸收了中亚建筑的手法，建筑更加多样化，例如中亚形式的伊斯兰教建筑。在金代盛用移柱、减柱的基础上，更大胆地减省木构架结构。元代木构多用原木作梁，因此外观粗放。元代砖雕比较盛行，更加强调其装饰性，由建筑基座向建筑装饰转变，出现在屋顶以及其他部分。因为蒙古人好白的缘故，元代建筑多用白色琉璃瓦，为其时代特色。

在元代的建筑和室内装饰中，经常能见刺绣和雕刻，甚至是圣母像，体现了元代时期内外交流对建筑装饰的影响。

元代的宗教建筑十分兴盛。山西赵城县霍山广胜寺是元代建筑重要遗迹，诸殿堂均有用巨昂之共同特征，其斗拱阑额及普拍枋并断面圆形之梁栿，均为元代之特征。山西永乐宫是典型的元代建筑风格，粗大的斗拱层层叠叠地交错着，四周的雕饰不多，比明清建筑更为简洁明朗。几个殿以南、北为中轴线，依次排列。

△ 元，王振鹏，《龙池竞渡图》

△ 山西芮城永乐宫藻井

△ 元，佚名，《江山楼阁图》

△ 山西赵城县霍山广胜寺

△ 山西芮城永乐宫建筑细节

五 元代的家具特点

元代家具虽沿袭了宋代家具的传统，但也有了新的发展，结构更趋合理，为明清家具的进一步发展奠定了基础。元代匠师在家具上做了两种创造性尝试，一是桌面不探出的方桌，其形象见于冯道真墓壁画，高束腰，桌面不伸出。二是抽屉桌，桌面下设抽屉的创意，后为明代家具所继承。元代初期的家具其体量往往较大，而且在造型上具有雄健豪迈的浮夸形式。

元代家具的木工工艺继两宋以后又取得新的成果，不管是部件结构的组成方式，还是装饰件的设计安排，都遵循木工制作高度科学性的要求，以合理的形式构造表达了人们对居室家具的审美观念。此外，元代风格家具上的雕刻，往往构图丰满，形象生动，刀法有力。常用厚料做成高浮雕动物及花卉，并嵌于框架之中，给人以凸凹起伏的动感。

到了元代，屏风在使用上发生了变化。宋代都是将屏风置于室内，屏前常设床榻或桌案。自元代以来，屏风除了在室内陈设以外，又发展为可在庭园里使用。这种布置手法，可以说是从元代开始的，此后一直被人们采用并延续到明清时代。

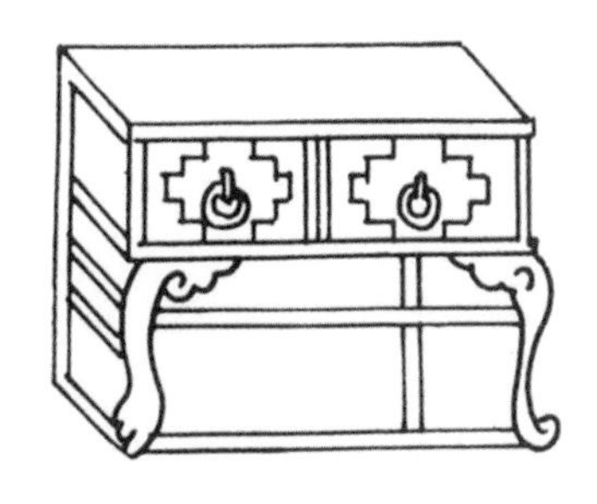

◁ 山西文水北峪口元代墓的墓室壁画。桌面下有两个抽屉，抽屉面上有装饰，有拉环

△ 元代《消夏图》中的榻之侧有一方桌，榻的后边有一大屏风

△ 山西大同市元代冯道真墓壁画中桌面不探出的方桌

△ 《事林广记》中的木刻图上有元蒙官员起居、宴饮的场面，可见交椅、桌案、罗汉床、双陆棋盘和长形脚蹄，都是难得的元代家具形象

第九节

明代——中式美学登峰造极时期

一、历史背景

△ 明，剔红牡丹纹盖盒

明代前期国力雄厚，是汉唐之后少有的盛世，开创了洪武之治、永乐盛世、仁宣之治和弘治中兴等盛世，无论冶铁、造船和建筑还是丝绸、纺织、瓷器在全世界都属绝顶，民间的富足远胜西洋。中国明代和欧洲文艺复兴时期在历史的时间轴上处于同一时期，而且这个时期的家具也十分具有代表意义，分别代表了中西方家具发展的典型特征和家具文化的突出成就。

△ 明，剔红雕云龙纹盘

明代审美文化在衣、食、住、行、用、民俗，乃至哲学、美学思想上都呈现出全面开花的态势。涵盖器物、古玩、书画，并及花鸟禽石、山水园林，乃至美人、戏曲、诗词类别等。文人阶层要求解放思想，审美情趣从思辨、文雅、展示精神世界，向描绘世俗的人情物理方向发展。市民阶层的审美也由粗俗、质朴、世俗向典雅、华丽、纯艺术方面发展。这种自上而下和自下而上的双向靠拢，取长补短，推动明代审美水平整体提升，以及欣赏趣味的复杂性，也可以说明代美学是中国古代美学登峰造极之点。

△ 明，杜堇，《听琴图》

随着宋元时期花鸟绘画的重视和发展，加之明清吉祥寓意和世俗文化的浸染，促使植物纹样在明清时期又发展到一个新的高峰，呈现出丰富多样而又一脉相承的时代特征。明代是中国吉祥文化高度发展的时期，明代的纹样在传统图案的基础上，凝练升华，达到了高度的样式化，具有浓厚的装饰美。如果说汉代的纹样是我国古代前期工艺文化成熟的缩影，那么明代的纹样则是我国古代后期工艺文化结晶的标志。

二、明代的文学与书画艺术

明代时期，中国古代的文学艺术出现平民化与世俗化趋势，文学艺术空前繁荣。宋明理学也在明朝达到完善。比较有特色的文学表现在诗文、小说、戏曲三方面，其中以小说达到的艺术成就最高，四大名著中的三部《西游记》《水浒传》《三国演义》就是出于明代。

明代画风迭变，画派繁兴，绘画人才辈出，在山水、花鸟、人物、版画、民间绘画这五个艺术门类上成果丰硕，拥有超过以前各代的画家数量。特别在山水画、水墨写意画方面有很大的发展。

明初时期宫廷绘画承袭宋制，征召画家，为宫廷绘画。明代宫廷绘画以山水、花鸟画为盛，人物画取材比较狭窄，以描绘帝后的肖像和行乐生活、皇室的文治武功、君王的礼贤下士为主。

明代中期，苏州地区崛起吴门画派，主要继承宋元文人画的传统，成为画坛主流。他们继承和发展了崇尚笔墨意趣和“士气”“逸格”的元人绘画传统，其间以沈周、文徵明、唐寅、仇英最负盛名。明代晚期的绘画领域出现新的转机。徐渭进一步完善了花鸟画的大写意画法。陈洪绶、崔子忠、丁云鹏等开创了变形人物画法。以张宏为代表的苏州画家在文人山水画方面另辟蹊径，创作出了富有生活气息的绘画作品。在继承吴门画派风格和特色的基础上，加以创新，回归自然，到大山里去写生，师自然造化，悟出了绘画的真谛，使山水画活了起来。

△ 明，仇英，《桃源仙境图》

△ 明，沈周，《庐山高图》

△ 明，边景昭，《四喜图》

三 明代的瓷器文化

中国瓷器的发展，由宋代的大江南北成百上千窑口百花争艳的态势，经由元代过渡之后，到明代几乎变成了由景德镇各瓷窑一统天下的局面。景德镇的瓷器以青花为主，其他各类产品如釉下彩、釉上彩、斗彩、单色釉等也都十分出色。

明代永乐、宣德之后，彩瓷盛行，除了彩料和彩绘技术方面的原因之外，更主要应归功于白瓷质量的提高。明代釉上彩常见的颜色有红、黄、绿、蓝、黑、紫等，最具代表性的为成化斗彩，斗彩是釉下青花和釉上彩色相结合的一种彩瓷工艺，如举世闻名的成化斗彩鸡缸杯等。

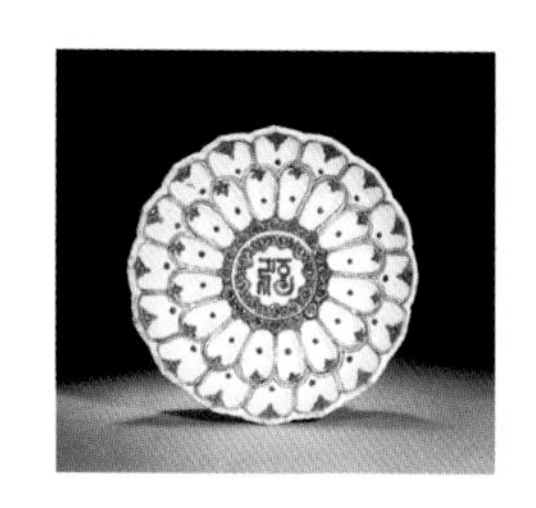

△ 明，万历，青花梵文莲花式盘

在成化彩瓷基础上，嘉靖、万历时期的五彩器又揭开了彩瓷发展史上的新篇章。嘉万时期的五彩则是以红、淡绿、深绿、黄、褐、紫及釉下蓝色为常见，彩色浓重，其中红、绿、黄三重为主，尤其是红色特别突出，因而使得嘉万时期的五彩器在总体上有翠浓红艳的感觉，极为华丽。明代除青花、斗彩和五彩之外，其单色釉也有突出成就，最具代表性的是永宣的红釉、蓝釉、成化的孔雀绿和弘治的黄釉。

△ 明，成化斗彩鸡缸杯

明代瓷器的造型除继承前朝的之外，也因时代需要产生了新的变化。如永宣时期的压手杯、双耳扁瓶、天球瓶等。成化时期则以斗彩鸡缸杯、“天”字盖碗等为典型器物；正德、嘉靖、万历各朝的大龙缸、方斗碗、方形多角罐、葫芦瓶等也都颇具代表性。

△ 明，万历，五彩百鹿尊

△ 明，万历，五彩龙纹花鸟蒜头瓶

△ 明，永乐，青花花卉纹大扁壶

四 明代的建筑特点

明代建筑样式上承宋代营造法式的传统，下启清代官修的工程做法。建筑设计规划以规模宏大、气象雄伟为主要特点。明初的建筑风格与宋代、元代相近，古朴雄浑，明代中期的建筑风格严谨，而晚明的建筑风格趋向繁琐。

这个时期由于砖的生产技术得到了改进及产量的增加，各地建筑普遍使用砖墙，府县城墙也普遍用砖贴砌，一改元代以前以土墙为主的状况。除了木雕、石雕、砖雕等技术日趋成熟之外，琉璃制作技术也在明代得到了进一步地提高。琉璃塔、琉璃门、琉璃牌坊、琉璃照壁等都在明代有所发展。中国建筑色彩斑斓、绚丽多姿的特点已达到成熟阶段。

明代的地方建筑也空前繁荣，各地的住宅、园林、祠堂、村镇建筑普遍兴盛，其中经济发达的江苏、浙江、安徽、江西、福建诸省最为突出，直到今天，这些地区还留有众多的明代建筑。明代中晚期，各地的造园活动出现新高潮。

五 明代的园林艺术

明代是中国古典园林发展的成熟期，私家园林是属于王公、贵族、地主、富商、士大夫等私人所有的园林，园主多是文人学士出身，能诗会画，清高风雅，淡素脱俗。明代的私家园林多建在城市之中或近郊，与住宅相连。在不大的空间内，追求艺术的变化，风格素雅精巧，达到平中求趣，拙间取华的意境，满足以欣赏为主的要求。宅园多是因阜掇山，因洼疏地，亭、台、楼、阁众多，植以树木花草的“城市山林”。

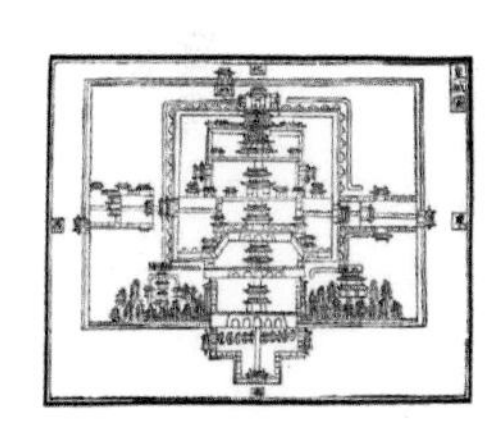

△ 《洪武京城图志》 载南京皇城图

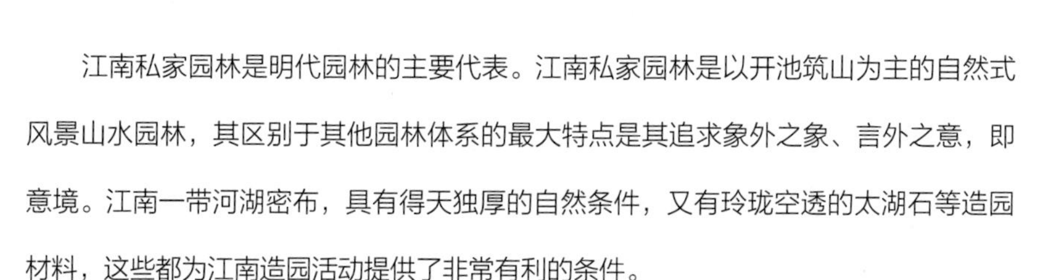

江南私家园林是明代园林的主要代表。江南私家园林是以开池筑山为主的自然式风景山水园林，其区别于其他园林体系的最大特点是其追求象外之象、言外之意，即意境。江南一带河湖密布，具有得天独厚的自然条件，又有玲珑空透的太湖石等造园材料，这些都为江南造园活动提供了非常有利的条件。

△ 拙政园

皇家园林一般总是带有均衡，对称、庄严豪华以及威严的气氛。而江南私家园林占地甚少，小者一二亩，大者数十亩。在园景的处理上，善于在有限的空间内有较大的变化，巧妙地组成千变万化的景区和游览路线。常用粉墙、花窗或长廊来分割园景空间，但又隔而不断，掩映有趣。通过画框似的一个个漏窗，形成不同的画面，变幻无穷，激发人探幽的兴致。

△ 留园

六、明代的家具特点

明代是中国家具史上的一个兴盛期，并形成了独特风格，被称“明式家具”。“明式家具”以其素雅、简约、优美的形态，打破时间与文化形态的界限，与各种风格都能实现较好地融合，是具有国际通用审美、传统时尚价值的家具。

精美绝伦的中国明式家具，除了雕饰继承了古代的纹样之外，其卯榫结构源自中国建筑大木作的力学构造形式。同时，由于明式家具所用材质质地坚韧细腻，可作精密加工，从而使之在卯榫的构造上可根据不同的部位进行不断创新，并形成三十多种精细的卯榫结构形式，这些均成为中国传统家具小木作工艺的重要内容。

明式家具的榫卯结构是极富科学性的特色之一。在跨度较大的局部之间，镶以牙板、牙条、圈口、券口、卡子花等，既美观，又加强了牢固性。时至今日，经过几百年的变迁，家具仍然牢固如初，可见明式家具传统榫卯结构的实用性及科学性。

明式家具的配件和饰件也十分讲究，使用金属饰件是明式家具装饰的又一特点。这些金属饰件有合页、面叶、包角、钮头、吊牌、吊环等数种，既着眼于实用，又起到美化的作用。饰件多为白铜制成，色泽柔和，与整体家具的造型颇为协调。

雕刻牙子：在扶手、靠背、腿足间，一般都配制雕刻牙子

靠背：后背椅板上方多施以浮雕开光，透射出清灵之气

椅圈：椅圈曲线弧度柔和自如，俗称“月牙扶手”，制作工艺考究，通常由三至五节榫接而成，其扶手两端饰以外撇云纹如意头，端庄凝重

腿：两腿相交，可以开合折叠

脚踏：雕刻有几何形式的图案

搭脑：为圆形，明清交椅还常在搭脑中加可装卸、翻转的圆轴状托首

鹅头枨：两侧“鹅头枨”亭亭玉立，典雅而大气

座面：多以麻索或皮革所制，前足底部安置脚踏板，装饰实用两相宜

铜饰：在交接之处多用铜装饰件包裹镶嵌，不仅起到坚固作用，更具有点缀美化功能

明式家具的造型大多采用直线和曲线相结合的方式，其造型式样不但具有直线的稳健、挺拔，而且有曲线的流畅、活泼、典雅的意蕴。明式家具注重功能和形式的紧密结合，尺寸也和现代人体工学的分析十分接近。所以人们使用这些家具时，会感到舒服。根据人体特点设计椅类家具靠背的背倾角和曲线，为明代木工匠师的创新。如圈椅的椅背做成了与人体脊椎相适的 S 形曲线，并与座面形成 100 度的倾角，人坐在椅子上，后背与靠背有较大的接触面，韧带和肌肉就可以得到充分的休息。

明代家具局部与局部的比例、装饰与整体形态的比例，都极为匀称而协调。如椅子、桌子等家具，上部与下部，腿子、枨子、靠背、搭脑之间的高低、长短、粗细、宽窄，都令人感到无可挑剔。家具各个部件的线条，刚柔相济，条挺而不僵，呈现出简练、质朴、典雅、大方之美。

明式家具的雕刻装饰也别具一格，通常是以小面积的精致浮雕或镂雕点缀于不见的适当位置。这些雕刻装饰构图灵活、形象生动、刀法圆润、转折灵活、层次分明、疏密适度，与大面积的素底形成强烈对比，颇具华素适度的装饰效果，使家具的整体风格更显得简洁明快。明式家具的纹饰题材许多都是传承的，如祥云龙凤、缠枝花草、人物传说等，这些题材在织绣、陶瓷、漆器等品类中常能看到。不过明式家具的纹饰题材仍有自己的倾向性和选择性，如松、竹、梅、流水、村居、石榴、灵芝、莲花等植物题材，山石、流水、村居、楼阁等风景题材较多见。明式家具的纹饰题材最突出的特点是带有吉祥寓意，如方胜、盘长、卍字、如意、云头、龟背、曲尺、连环等纹样。

△ 《明仇英人物故事图册之竹院品古》中所呈现的家具

△ 明，黄花梨六柱十字绦环围子架子床及脚踏

△ 明，黄花梨夹头榫独板面小画案

△ 明，黄花梨透雕如意纹圈椅

第十节 清代——满族文化与汉族文化并存

一、历史背景

清代是中国历史上第二个由少数民族建立的统一政权，也是中国最后一个封建帝制国家，对中国当代产生了深沉的影响。清代手工业发达，产业以纺织和瓷器业为重，棉织业超越丝织业。棉织业以松江最发达，染色以芜湖、苏州最先进。珐琅瓷器开始盛行，江西景德镇为瓷器中心。清朝的玻璃制造有较大的进步，清宫玻璃厂能生产透明玻璃和多达十五种以上的单色不透明玻璃。

△ 清，乾隆，珐琅彩开光西洋人物螭耳瓶

中国古代早期的室内空间的界面很少做装饰，主要以悬挂和遮挡的方式来分隔、装饰空间，如用帷帐、垂帘、屏风、玉石、金属、丝绸、幕布等进行美化，或者使用少量的彩绘。到了清代，在前朝已经取得的历史成就的基础上，室内空间中大量引入了各种装饰手法和日用工艺品的点缀。除了常规的雕刻和绘画技艺外，还把在家具、纺织品、瓷器、景泰蓝器皿、金属铸件、竹工艺器具、牙雕、席编、制扇、镏金物品、灯具、书画装裱等方面的技艺手法，都用到建筑与室内装饰上。

△ 清，乾隆，铜胎画珐琅西洋人物观音瓶

△ 清，郎世宁，《圆明园铜版画》

△ 清，张若澄，《燕山八景图》之中的二景：琼岛春荫、玉泉趵突

二 清代的文学与书画艺术

清代文学成就辉煌，如《红楼梦》《聊斋志异》《儒林外史》等。清朝修书也达到高峰。乾隆期编撰的《四库全书》历经十年完成，是中国古代体量最大的一部官修书。京剧被称为中国的国粹，起源于明朝的昆曲和京腔，形成于乾隆、嘉庆年间，至今已有 200 年历史。京剧脸谱个性突出，也成为中华传统文化的标识之一。

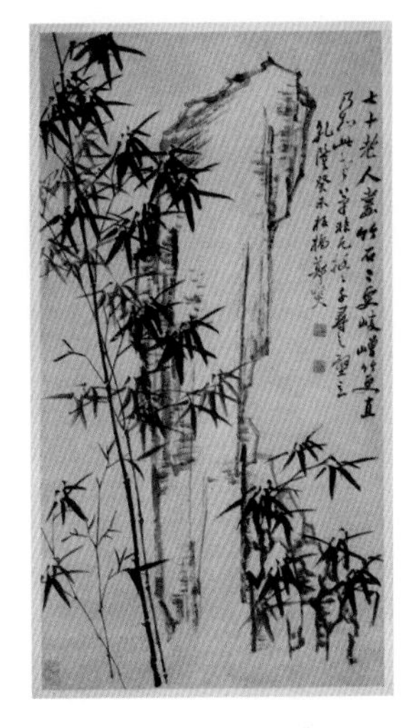

△ 清，郑燮，《竹石图》

清代绘画在当时政治、经济、思想、文化等方面的影响下，呈现出特定的时代风貌。卷轴画延续元、明以来的趋势，文人画风靡，山水画勃兴，水墨写意画法盛行。文人画呈现出崇古和创新两种趋向。在题材内容、思想情趣、笔墨技巧等方面各有不同的追求，并形成纷繁的风格和流派。在山水花鸟画方面，出现趋同娄东、虞山、常州派的宫廷绘画文人化倾向。近世中西文化交流，一些擅长绘画的西方传教士被供奉在如意馆，影响较大的首推郎世宁。他于 1715 年来华，画过多幅反映清代重要事件的历史画。

△ 清，郎世宁，《八骏图》

民间绘画以年画和版画的成就最为突出，呈现空前繁盛的局面。木版年画题材广泛，大致有戏曲画、神像画、风俗画、吉祥喜庆画、美女娃娃画、风景花鸟画、男耕女织画、时事画和讽刺画等。木版年画因为表现形式单纯明快，装饰性强，且制作简便，在很长时间内受到普遍欢迎。

△ 京剧脸谱

康熙间饾版套印的画谱《芥子园画谱》，是继《十竹斋画谱》之后的又一部杰作。其成就不仅在于为初学画者提供示范，更重要的是在绘、制、印等方面均取得新的进展。

三、清代的瓷器文化

清代初期的瓷器制作技术高超，装饰精细华美，景德镇瓷器代表了国内乃至世界制瓷的最高水平。康熙的青花、五彩、三彩、郎窑红、豇豆红、珐琅彩等品种的风格别开生面；雍正的粉彩、斗彩、青花和高低温颜色釉等粉润柔和，朴素清逸。乾隆的制瓷工艺精妙绝伦、鬼斧神工。较大型作品采用分段成型整体组合的技法，修胎工艺精细，交接处不留痕迹。

值得一提的是康熙年间珐琅彩、粉彩是这一时期的重大发明。珐琅彩是国外传入的一种装饰技法，初期珐琅彩是在胎体未上釉处先作地色，后画花卉，有花无鸟是一特征。粉彩是在康熙五彩的基础上受珐琅彩的影响而产生的新品种，效果较淡雅柔丽，视觉上比五彩软，所以也称“软彩”。

△ 清，雍正，铜胎画珐琅包袱纹盖罐

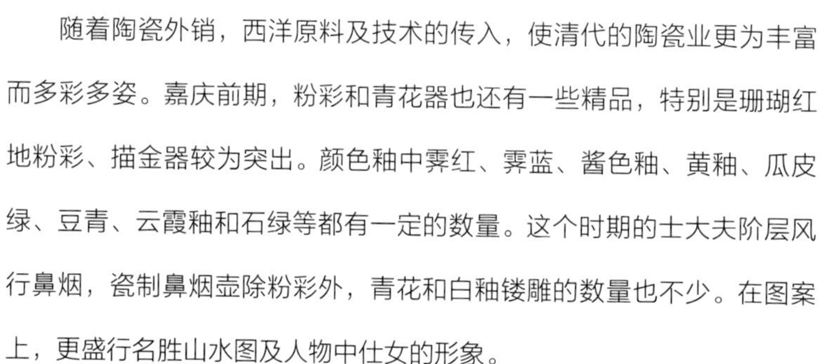

随着陶瓷外销，西洋原料及技术的传入，使清代的陶瓷业更为丰富而多彩多姿。嘉庆前期，粉彩和青花器也还有一些精品，特别是珊瑚红地粉彩、描金器较为突出。颜色釉中霁红、霁蓝、酱色釉、黄釉、瓜皮绿、豆青、云霞釉和石绿等都有一定的数量。这个时期的士大夫阶层风行鼻烟，瓷制鼻烟壶除粉彩外，青花和白釉镂雕的数量也不少。在图案上，更盛行名胜山水图及人物中仕女的形象。

△ 清，光绪，松石绿地粉彩花鸟纹盆

△ 清，康熙，画珐琅花卉五楞式盒

△ 清，雍正，画珐琅黄地花卉纹乌木把壶

△ 清，乾隆，粉彩婴戏图盖罐

四 清代的建筑特点

清代是中国最后一个封建王朝，满族自身建筑水平落后，主要依靠汉族建筑技术来建造，建筑大体因袭明代传统，但也有发展和创新，建筑物更崇尚工巧华丽。建筑规划、建造、设计与装修水平已达成熟。清代建筑的形式有硬山建筑、悬山式建筑、歇山建筑、攒尖建筑等。清代晚期，中国还出现了部分中西合璧的新建筑形象。

△ 北京雍和宫

清代的都城北京城基本保持了明朝时的原状，兴建了大规模的皇家园林，著名的有圆明园与颐和园。藏传佛教建筑在这一时期兴盛。这些佛寺造型多样，以北京雍和宫和承德兴建的一批藏传佛教寺院为代表。

清代出现了一批世家大族、高官富豪的私家大宅，规模宏大，装饰精美。如山西王家大院、常家庄园、乔家大院、渠家大院、皇城相府、李家大院，以及河南康百万庄园、山东牟氏庄园、四川刘氏庄园等，很多延续了几百年，规模超大，院落众多，装饰豪奢，雕梁画栋。

△ 乔家大院体现了中国清代民居建筑的独特风格，素有“皇家有故宫，民宅看乔家”之说

五 清代的园林艺术

清代继承了明代造园文化，又有所创新。另外，很多园林在明代已存在，但成熟于清代，或者在清代进行了扩建。圆明园始建于清代康熙年间，以后一百五十多年中续有修建，包括圆明园、长春园、万春园三部分，共占地五千多亩，有风景点一百多处，融汇东西建筑文化，被誉为“万园之园”。

私人园林在清代也有很好的发展，一些文人士大夫、巨商富贾的深宅大院之中常有精致的园林池榭，风景幽胜处又建有别墅，择地叠石造园蔚然成风。特别是在经济繁荣、达官文人荟萃之地的江南，私家园林更为发达。

△ 清，丁观鹏,《太族始和图》

△ 清，院本《十二月令图轴》之五月

△ 清，院本《十二月令图轴》之九月

△ 清，院本《十二月令图轴》之十二月

六 清代的家具特点

清代初期延续的是明代家具朴素典雅的风格。康熙中期以后，经康干盛世积累，经济繁荣，手工业发达，满清贵族开始追求富贵享受。皇室家具一改明朝简洁雅致的特色，讲究用料厚重，尺度宏大，雕饰繁复。

清式家具继承了明代家具构造上的某些传统做法，但造型趋向复杂，风格华丽厚重，线条平直硬拐，雕饰繁复。清式家具极力追求奇巧，增加了很多造型和式样。如故宫漱芳斋的五具成套多宝阁，隔层的“拐子”图形变化丰富，有海棠形、扇面形、如意形、磬形、蕉叶形等形式。还有的在结构上玩起花样，比如有些小巧玲珑的百宝箱，箱中有盒，盒中有匣，匣中有屉，屉藏暗仓，隐约曲折。

△《红楼梦》第 84 ~ 85 回 “贾宝玉至王府贺寿”中出现的屏风、脚踏、炕几

△《红楼梦》第 6 回 “刘姥姥初会王熙凤 贾蓉借物言谈隐情”中出现的桌、椅、墩、炕桌

清代家具的总体尺寸比明代家具更加宽大。以太师椅为代表的清式家具用料宽绰，体态丰硕。椅类家具座面加大，后背饱满，椅腿粗壮，整体造型雄伟、庄重。与此相应，家具的局部尺寸，部件用料也随之加大，为雕刻、镶嵌、彩绘等装饰手法提供了充分发挥的余地。

△ 清，丁观鹏，《乾隆帝是一是二图》，故宫博物院藏

清代家具对选材也很讲究，推崇色深、质密、细理的珍贵硬木，以紫檀木为首选。在结构上为了坚固牢靠，常采取一木连作，而不用小木拼接。重装饰也是清代家具的一大特点，常用装饰手法有雕饰和镶嵌，雕刻的浮雕、透雕、甚至圆雕的技法都有应用，还借鉴了牙雕、竹雕、漆雕、玉雕等工艺技巧，百般打磨，光润似玉。镶嵌的材质也非常丰富，有木、竹、石、瓷、螺钿、珐琅、玉、骨、牙等，花样翻新，千变万化。另外受外来文化影响，西洋家具的式样、结构、装饰与手法也借用到中式家具的制作中，形成中西结合的新式家具。

△ 故宫皇极殿乾隆金漆蟠龙宝座

清式家具以雕绘满眼绚烂华丽见长，其纹饰图案也相应体现这种美学风格。清代家具的纹饰题材在明代的基础上进一步发展拓宽，植物、动物、风景、人物无所不有，十分丰富。吉祥图案亦非常流行，但这一时期所流行的图案大都以贴近老百姓的生活为目的，与明式家具的阳春白雪相比，显得有些世俗化。晚清的家具纹饰题材多以各类物品的名称拼凑吉祥语，如“鹤鹿同春”“年年有余”“凤穿牡丹”“花开富贵”“指日高升”“早生贵子”“吉庆有余”等，宫廷家具多用“群云捧日”“双龙戏珠”“洪福齐天”“五福捧寿”“龙凤呈祥”等。

△ 清，红木透雕勾云纹花几

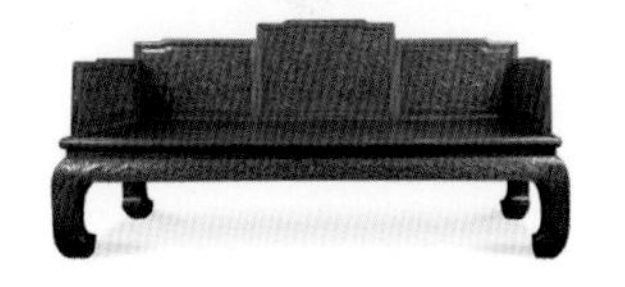

△ 清，黄花梨螭龙纹五屏罗汉床

△ 清中期·红木嵌大理石灵芝纹太师椅

△ 清中期，紫檀卷草纹八仙桌

△ 清中期，紫檀雕夔龙纹太师椅

△ 清，黄花梨雕螭龙纹南官帽椅

清式家具的装饰手法集历代精华于一体，雕、嵌、描、绘、堆漆、剔犀等，技艺精湛高超。其中雕与嵌仍是清代家具装饰的主要手法。装饰题材多以西番莲、海水、云纹、凤、龙、缠蝠磬、枝莲、折枝花卉、飞禽走兽为主，有的家具甚至通体雕花。

新中式风格

Design

New Chinese Style

【第二章】

新中式空间居住美学与设计特点

第一节 中式传统文化在现代设计中的应用

一、瓷器文化

1. 起源与分类

瓷器的发明是中华民族对世界文明的伟大贡献。大约在公元前 16 世纪的商代中期，中国就出现了早期的瓷器。因为其无论在胎体上，还是在釉层的烧制工艺上都尚显粗糙，烧制温度也较低，表现出原始性和过渡性，所以一般称为“原始瓷”。陶瓷文化是中式传统文化的一个重要组成部分，从隋唐时期便开始向外域流传，宋、元、明、清各代，瓷器都作为重要商品行销全国，走向世界。

△ 元代青花云龙纹梅瓶

无论是绚丽斑斓的唐三彩、“千峰翠色”般的唐代越窑青瓷、“如冰似玉”般的宋代官窑青瓷，色彩缤纷的明清御窑五彩瓷器、色泽优雅的元明清青花瓷器、雍容华贵的清代珐琅彩瓷器和粉彩瓷器，还是五光十色的元明清颜色釉瓷器，都蕴含着无限韵味。

△ 宋代官窑青釉八棱弦纹长颈瓶

中国瓷器丰富多彩，富有民族风格和艺术特色。如果按照艺术特点和表现手法来分门别类，可以归纳为雕塑类、颜色釉类、釉上彩绘类、釉下彩绘类、贵重金属类等。如按其使用价值来划分，又可分为艺术陶瓷和日用陶瓷。这两种在具体方法的运用上没有严格的区分，但它们各自所呈现的装饰效果却有着非常明显的差异。

△ 清代珐琅彩瓷器

△ 唐代越窑青瓷莲花纹钵

△ 唐三彩刻花三足盘

2. 器形、釉色与纹样

在器形上，从商、周、秦汉比较单一的器形发展到梅瓶、盘口瓶、冲瓶、天球瓶、象耳瓶、玉壶春瓶、柳叶瓶、凤尾瓶、转心瓶等。各时代的器形呈现出不同的风貌。如唐代器形圆润饱满、宋代器形秀丽典雅、元代器形雄浑朴拙、明代永乐宣德器形端庄稳重、明代成化器形隽秀典雅、明代嘉靖万历器形复杂多变、清代康熙器形刚劲挺拔、清代雍正器形文雅精细等。

自从商周的上釉原始瓷和秦汉的单色釉发明以来，颜色釉发展到今天已经有 100 多种，如低温铜釉绿、铜红、钴蓝、高温青釉、绿釉、霁蓝、霁红、黄釉、黑釉、褐釉、茶叶末釉等。单色釉瓷器通体浑然一色，纯洁莹亮，不同颜色的单色釉瓷器给人以不同的美感；窑变花釉给人带来抽象朦胧的美感，使平凡的釉色产生妙趣横生的多样性。

在瓷器的纹样方面，喜闻乐见的各种动物、植物、花卉、花鸟、花果、山水、人物、几何、文字等无不采用。特别是各种寓意吉祥的图案，更是受到广泛喜爱。北宋越窑划花青瓷图案线条纤柔流场，细如发丝；宋、金时期定窑印花瓷器构图严谨，图案工整；北宋当阳峪窑剔花白瓷地色深褐，图案洁白，颜色对比强烈；清代乾隆御窑转心瓶上的镂空装饰，构思巧妙，透过外瓶上的镂空可以窥见内瓶上的图案花纹。

△ 清代乾隆御窑转心瓶

△ 清代胭脂红单色釉梅瓶

△ 清代窑变红釉钵

3. 现代瓷器艺术

现代软装设计中的瓷器艺术实现实用与装饰并存的价值。特别是带有现代装饰风格的陶艺作品，创作者将对美的感悟和体会融入其中，使瓷器艺术渐渐成为美化室内空间的文化载体，同时也对室内环境起到了点缀与装饰的作用。

3.1 墙面瓷器装饰

一般以瓷盘、瓷板在墙面上的装饰为主，一种是以刻画的陶盘，压印的艺术陶板、手绘釉上彩或釉中彩的瓷板画为主要的装饰手法，将不同大小的瓷盘按照一定的疏密关系摆放在墙面上，使墙面在视觉上产生层次感。另一种是在墙画上进行镶嵌，如用陶瓷材料做成浅浮雕，或者用陶砖为元素在墙面做成壁画。

3.2 落地瓷器装饰

落地瓷器装饰是指放在地面上的大型装饰品，如花瓶、雕塑等。因为是落地陈设物、易碎物品，所以在布置时应注意摆放位置，宜选择适宜观察且不妨碍人们日常行走的地方，一般布置在客厅墙边或玄关入口处，过道两边及端景等位置也适合摆放。

3.3 桌面瓷器装饰

桌面瓷器装饰主要指能在台面上摆设且使用性很强的陶瓷生活用品。其范围相当广泛，如茶几上的陶艺杯、床头柜上的陶艺灯具、窗台上的花盆等都是非常别致的陈设。其中餐具也是很重要的摆设，一套精美的餐具能体现这家主人的喜好。

△ 将军罐由于宝珠顶盖与将军盔帽形状十分相似而得名，是中式传统瓷器艺术的珍品

△ 陶瓷摆件给新中式空间增添古典韵味

△ 狮子、貔貅、骏马等中国传统文化中寓意吉祥的动物造型瓷器摆件是装饰新中式空间必不可少的元素之一

二、香文化

1. 起源与分类

香作为一种文化，始于春秋，发展于汉，完备于唐，到了宋代，香文化进入鼎盛时期，完全融入了人们的日常生活。香道是通过眼观、手触、鼻嗅等品香形式对名贵香料进行全身心地鉴赏和感悟的过程。古代文人雅士把焚香、点茶、挂画、插花并称为生活四艺，而香更是凭借着文人雅士的闲情逸致和喜好所向，逐渐成为中国传统文化中最精致绝伦的一部分。古代文人所写关于香的诗词歌赋不计其数，陆游《雨夕焚香》中道："芭蕉叶上雨催凉，蟋蟀声中夜渐长，燔十二经真太漫，与君共此一炉香"，就让人浮现出一幅清幽娴雅的雨夜焚香之景。

唐代鉴真和尚东渡，不仅把佛教传到日本，同时也带去了与佛教有密切关系的品香文化。作为香道文化的学习者，日本早已将香道、茶道和花道并称为三雅道，是一种以"乐香"为道艺的高雅艺术。

香按制作材料来分，有檀香、沉香、丁香等；按形状来分，有棒香、线香、盘香、丸香、涂香、熏香等。每种香都有不同的味道，其功用也不一样。

香炉，是香道必备的器具，古时香炉多用于宗教、祭祀活动等，现在多用于香道中。使用的材质主要包括铜、陶瓷、金银、竹木器、珐琅及玉石等。形状上常见为方形或圆形，但随着人们的个性需求增多，形状各异的香炉也不在少数。

△ 对于风雅的文人而言，香不仅仅散发气味，不同的香所含有的微妙气息更是有语言、有灵魂的

△ 在新中式空间中，点燃香炉，缕缕青烟，淡淡宁香，清心悦神

△ 铜香炉

2. 香文化历史脉络

2.1 新石器时代

红山文化、良渚文化就已经出土了原始的陶熏炉，这证明当时的先民已经有用香的习惯。这个时期的人们对香的使用仍处于懵懂之中，使用是单纯的自然香料，除个别直接熏烧取香外，大多不经过切割、研磨等加工程序，当时香料主要使用的是蒿、泽兰、蕙草等草本类植物。

2.2 春秋战国时期

这个时期，香开始有了文字记载，香文化发展初现。在《诗经》《楚辞》当中都能看到有关人们佩戴各种各样香草的记载。当时的文人雅士都把香比喻为一种高尚、善美的品质。

2.3 秦汉时期

通过“丝绸之路”带来了海外的丁香、安息香、乳香、龙涎香。汉代香品中第一次出现了和香。此外，焚香器具的变化最为深刻。比如汉代出现的博山炉，它在香炉中是非常有名的代表性器物，后人称其为“香炉之祖”。

2.4 隋唐时期

隋唐时期经济繁荣，佛教鼎盛，用香风气相当普遍。唐代的史料中有很多这方面的记载，比如建造沉香亭，用沉香做刀柄等。唐代的香具上出现了大量的金器、银器、玉器，即使模仿前朝博山炉的制式，外观也更加华美。熏球、香斗、香囊等香具开始广泛使用。

2.5 两宋时期

这一时期，因为文人的大规模使用，香被赋予了更多的精神内涵和文化底蕴。不仅佛家、道家、儒家都提倡用香，而且香更是成为普通百姓日常生活的一部分。在居室厅堂里有熏香，在各式宴会庆典场合上也要焚香助兴，而且还有专人负责焚香的事务。从宋代开始，除了隔火熏香的方式，开始大量出现专为文人所使用的一些更完善的香具。

2.6 明清时期

根据明代留下来的大量绘画和文字资料记载，很多生活场景都能在背景中看到香炉的出现，比如在官场的应酬中、私宅的闺房或花园里。这一时期，线香开始广泛使用，并且形成了成熟的制作技术。明代的香器都在极力模仿宋代，出现了复古的鼎式炉、簋式炉、鬲式炉等。到了清代，从明代开始流行的炉、瓶、盒三件一组的书斋、香案已成为文房清玩的典型陈设。

三、茶道文化

1. 起源与分类

在中国古代文献中，很早便有关于食茶的记载，而且随产地不同而有不同的名称。中国的茶叶早在西汉时便已传到国外，当时汉武帝派使者出使印度支那半岛，所带的物品中除黄金、锦帛外，还有茶叶。南北朝时齐武帝永明年间，中国茶叶随出口的丝绸、瓷器传到了土耳其。

古文献中关于茶的起源论说不一。战汉时期的《尔雅·释木》载："槚，苦荼。"西汉时期王褒的《僮约》中"烹茶尽具""武阳买茶"的断句，则为迄今关于茶饮和茶叶商贸的最早文献记录。唐时陆羽《茶经·六茶之饮》则考究谓："茶之为饮，发乎神农氏，闻于鲁周公，齐有晏婴，汉有扬雄、司马相如，吴有韦曜，晋有刘琨、张载、远祖纳、谢安、左思之徒，皆饮焉。"

中式茶道文化历史悠久，起源于4000多年前的神农时代。唐代茶圣陆羽的茶经，将中国茶道的精神渗透到宫廷和社会，并且深入到诗词、绘画、书法、宗教、医学。在一些文人雅士的饮茶过程中，还创作了许多茶诗，流传至今就有百余位诗人的四百余首诗，从而坚实地奠定了中式茶道文化的基础。

△ 中式茶道非常注重品茶的内涵，品茶环境带有神思遐想和领略饮茶情趣的意境

茶道是以修行悟道为宗旨的饮茶艺术，是饮茶之道和饮茶修道的统一。茶道包括茶艺、茶礼、茶境、修道四大要素。茶艺是指备器、选水、取火、候汤、习茶的一套技艺；茶礼是指茶事活动中的礼仪、法则；茶境是指茶事活动的场所、环境；修道是指通过茶事活动来怡情修性、悟道体道。

2. 茶道文化历史脉络

2.1 魏晋南北朝时期

在中国茶道文化的发展历程中，三国前及晋代、南北朝时期应属于茶文化的启蒙和萌芽阶段。魏晋时期崇尚自然自由的玄学精神和清淡文化，茶饮成为继酒文化之后一种更迎合修行养性的新风俗，备受贵族和文人志士们青睐。

2.2 唐代时期

这一时期不仅是在品茶中讲究人、文、茶、水、器和品茶的环境的选择，并且把品茶与赋诗、赏茶、玩月、抚琴以及道教、佛教、儒家等各宗教与文艺形式联系了起来。唐代茶圣陆羽及其同时代的一些文人，都非常重视饮茶的精神享受和道德规范，而且非常讲究饮茶用具和煮茶的艺术。可以说陆羽著《茶经》是唐代茶文化形成的标志，自此以后又出现了大量的茶书、茶诗，如《茶述》《煎茶水记》《采茶记》《十六汤品》等。

2.3 两宋时期

茶之为道，始于唐，盛于宋。宋代茶业空前发达，茶饮成为国艺。点茶是两宋时期饮茶的主流形式，是对唐代煎茶的改革和对茶文化的光大。后传播到东瀛和朝鲜半岛，对日本抹茶道和高丽王朝茶礼都有较大的影响。这个时期的茶道名作就超过 30 余种，如宋徽宗赵佶撰《大观茶论》，蔡襄撰《茶录》，黄儒撰《品茶要录》、叶清臣的《述煮茶小品》、宋子安的《东溪试茶录》、熊蕃的《宣和北苑贡茶录》、沈括的《本朝茶法》、周绛的《补茶经》等。

△ 南宋，刘松年，《撵茶图》很形象地再现了当时的点茶场景

△ 唐，阎立本，《萧翼赚兰亭》茶器明细

2.4 明清时期

明代的品茗方式有了更新的发展，主要表现在对饮茶的艺术追求，品茶时已经开始刻意地对自然美与环境美提出了明确的要求。明代不少文人雅士留有传世之作，如文徵明的《惠山茶会话》《陆羽烹茶图》《品茶图》以及唐寅的《烹茶画卷》《事茗图》等。到了清代，中国茶文化发展更加深入，茶与人们的日常生活紧密结合起来。例如清末民初，城市茶馆兴起，并发展成为适合社会各阶层所需的活动场所。它把茶与曲艺、诗会、戏剧和灯谜等民间文化活动融合起来，形成了一种特殊的“茶馆文化”，“客来敬茶”也已成为普通人家的礼仪美德。

△ 明，文徵明《品茶图》

3. 茶器类型

中国的茶文化历史悠久，博大精深，由此形成了特有的中式茶道，同时演绎出了具有东方特色的各式茶器。中式茶器品类众多，款式繁杂，从材质上一般分为紫砂、陶器、瓷器、金属、玻璃等。

紫砂茶器的泥色有多种，以朱泥、紫砂泥为主。茶器充分利用泥本色，烧制后色泽温润，亚光古朴，是形态、装饰与自身天然色泽的完美融合。

陶器茶器用黏土烧制而成，气孔率较高，渗水性强，断面粗糙无光泽，耐火、抗氧化、不易腐蚀，通常呈黄褐色，上釉后别有一番朴实的风情。

瓷茶器分为白瓷、青瓷、黑瓷和彩瓷等，是由陶茶器发展而来，坯质致密透明，釉色丰富多彩，能更有效地衬托出茶汤的色泽。

金属茶器有金、银、铜、锡等不同材质，古时因制作工艺相对复杂，造型精美，原料昂贵，一般为皇家用具。金属制作的茶器对防潮、防氧化、防光、防异味都有较好的效果。

玻璃茶器被古人称之为琉璃茶器，经过模制、堆贴、镶嵌等工艺，制作出的玻璃茶器不仅美观，而且还能够更好地观察汤色。

△ 紫砂茶器

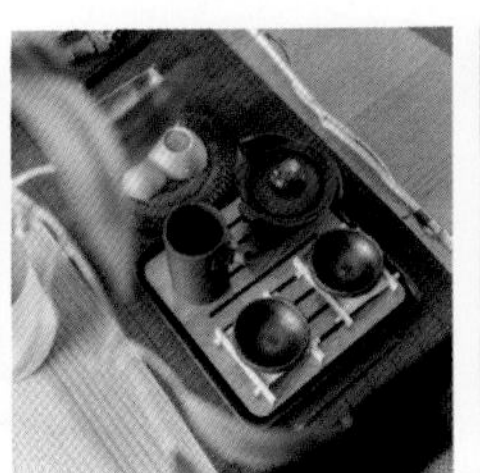
△ 陶器茶器

△ 瓷茶器

△ 金属茶器

△ 玻璃茶器

根据史料记载，唐代茶器已从传统常规生活器皿如酒具、食具中单独分离出来，自成一个新的体系。这也是中国茶文化正式形成的一个鲜明标识。除了皇家宫廷和高级寺庙、道场的金银、玛瑙、玉石、琉璃等名贵材质茶器，陶瓷茶器的生产发展尤为突出，以北方邢窑白瓷和南方越窑青瓷质量最佳。

4. 新中式茶室设计

中式茶道非常注重品茶的内涵，品茶环境一般由茶桌、茶器等元素构成，并且要求安静、清新、舒适、干净，带有神思遐想和领略饮茶情趣的意境。

中式茶席以“空灵清净、彻见心性”的禅学为本，多采用花艺、茶壶、茶盏、茶罐、茶巾等多种元素来展现意境。在材质的选用上多为棉、麻、丝、竹、绸等，力求以自然之道诠释茶之本然，以及空、透、远的意境表达。在新中式风格的茶室内，常以木质茶案、桌椅来表达对大自然的尊崇。而且不做过多的修饰，表露出其优雅的禅意之美。

在茶室的装饰元素上，可从整体风格、空间布局以及灯光照明等方面出发，搭配盆栽、陶瓷、香具以及挂画等营造出温婉和谐的茶室氛围，让人充分体会到中式茶道的独有情怀。

△ 利用树根的自然造型制作而成的茶台，勾勒禅意空间的气韵与情致

△ 新中式茶席以茶具为主题，以铺垫等器物为辅助物，并结合挂画、插花、焚香、音乐等艺术品和艺术形式

△ 新中式茶席空间所蕴含的美学，体现着淳朴厚拙、沉静内敛的文人情怀，优雅闲适的生活态度

△ 新中式茶席在材质的选用上多为棉、麻、丝、竹、绸等，追求自然之道

四 京派建筑文化

京派建筑是中国北方建筑的典型，特殊的地理位置决定了京派建筑的历史地位。京派建筑中最典型的是四合院，四合院虽为居住建筑，但其本身蕴含着深厚的古建文化内涵，是中式传统古建文化的亮丽载体。

△ 宫殿建筑

四合院的基本特点是按南北轴线对称布置房屋和院落，坐北朝南，大门一般开在东南角，门内建有影壁，外人看不到院内的活动。正房位于中轴线上，侧面为耳房及左右厢房。正房是长辈的起居室，厢房则供晚辈起居用。传统四合院，一户一宅，平面格局大小不一，小到只有一进，大到三进或四进，还可以形成两个四合院宽的跨院式。小四合院房间为 13 间，一院或二院的房间为 25~40 间。

△ 四合院

除四合院外，宫殿建筑也是京派建筑的代表作，其中故宫是宫殿建筑的问鼎之作，也代表了传统建筑艺术的最高水平。它可以看作是一个巨大的四合院，功能更广泛，分工更明确，给人以皇家威严之感。所谓的宫殿建筑，很大意义上是普通民居的放大版，在功能区划分上兼顾了办公与居住两项职能。故宫的居住区域便是由大量的四合院组成，是后宫嫔妃等居所，在用材等方面高于普通民居。

五 徽派建筑文化

1. 徽派建筑美学特征

徽派建筑风格以民居、祠堂和牌坊闻名遐迩。设计讲究对称，以中轴线为核心，面阔三间，中为厅堂，两侧为厢房，楼梯在厅堂前后或左右两侧。在此基础上建筑纵横发展、组合，可形成四合式、大厅式和穿堂式等格局，民居前后或侧旁设有庭园。空间立体感强，这也是中式建筑的共同特征。

△ 徽派建筑的黑白两色，给人类似水墨晕染的视觉感受

徽派建筑选色素朴典雅，大量运用黑和白这组极端反差色，但其间丰富的层次变化又显得包罗万象。徽派民居的外部形态主要由大块白色墙体构成，如同一块天然的画布，在这块画布上能看到大自然的日光月色，相邻的马头墙的起落，

以及变化无穷的投影。并且屋瓦的黑和粉墙的白，随着日晒与雨水侵蚀，斑驳脱落，产生特有的复色交替，给人仿佛水墨晕染的视觉感受。从远处看，便是一幅江南水墨画。

徽州三雕是指具有徽派风格的砖雕、石雕、木雕三种民间雕刻工艺的简称，主要用于民居、祠堂、庙宇、园林等建筑的装饰。其内容丰富、题材广泛，雕刻手法多样，有线刻、浅浮雕、高浮雕透雕、圆雕和镂空雕等形式，表现内容和手法因不同的建筑部位而各异。这些木雕均不施油漆，而是通过高品质的木材色泽和自然纹理，使雕刻的细部更显生动。这种原色暴露也体现了“道法自然”的东方美学思想。

2. 马头墙元素

徽派民居一般分为两层。马头墙上几乎看不到窗户。一块块的白色马头墙连在一起，视觉上的效果感觉很完整。“小桥流水桃源家，粉墙黛瓦马头墙”这是对徽派建筑最为形象生动的描述，可以看出马头墙是徽派建筑的标志。马头墙又名封火墙、防火墙，是指高出两边山墙墙面的墙垣，也就是山墙的墙顶部分，形状酷似马头。墙面以白灰粉刷，墙头覆以青瓦两坡墙檐，白墙青瓦，明朗而素雅。

马头墙的设计有着高低错落的层次，其形式称为一叠、二叠、三叠，高大的墙体因此便有了动感。在家居设计中，可以把马头翘起的造型进行简化和抽象处理，作为室内装饰的一部分。软装摆件的设计也可以运用马头墙的元素，让整个装饰品富有律动美。

△ 层次高低错落的马头墙是徽派建筑的标志

△ 木雕

△ 石雕

3. 黑白水墨艺术

徽派建筑推崇简单、禅意，充满东方韵味。水与墨、黑与白、浓与淡相融，这才是东方之韵最本质的特点。水墨画虽只有黑白两色，但色彩微妙且变化丰富，是中国绘画的代表。它呈现的情景交融、虚实相生，代表出生命律动的韵味和无穷的诗意。

△ 砖雕

六、中式插花文化

1. 中式插花美学特征

插花艺术是中国古老的传统艺术形式之一。经过与绘画、书法、造园、诗词、陶瓷工艺等交流切磋，撷英取华，融会贯通，开拓创新，逐渐形成了独具中华民族文化特色的传统插花艺术。

中式插花讲究形似自然，不能有明显的人工痕迹，同时还要有自己的个性追求。明代著名文学家袁宏道在《瓶史》中称“花妙在精神，精神人莫造，寓意于物者，自得之”。中式插花具有自然美，意境美的特点，注重插花“形、色、意”的表达，其“形”追求自然之美，造型简练，讲究线条韵味；其“色”淡雅天成，强调对比协调；其“意”表人性之美。

传统文人常以花材寓意人格，认为花有花德，以花寓意教化。因此多用松、柏、竹、梅、兰、桂、山茶、水仙等表达人生理想。如把梅之傲雪凌霜、兰之虚怀若谷、竹之虚心有度、菊之玉洁冰清，作为“四君子”；把傲骨的青松、亮节的绿竹、不屈的寒梅，组成“岁寒三友”，象征文人雅士清高、孤洁的性格。

△ 中式插花

2. 中式插花形式

2.1 宫廷插花

顾名思义，宫廷插花主要是为皇宫内服务的插花艺术。是专为帝王、嫔妃、达官、显贵供宴赏、玩乐、装饰环境及做宣传工具而插作的。从使用的工具、选用的花材、花器、配件到题材，造型的认定以及作品的陈设都有严格的规定和要求，必须符合皇室的各种等级观念与制度，并满足其审美情趣。因此必须选用昂贵上乘的花器，如官窑、名窑的瓷器，仿古青铜器等；格高韵胜的花材如牡丹、梅、兰、松、竹等。造型丰满硕大而工致，色彩艳丽，精美豪华而庄严肃穆与隆盛为其主要风格与特点。

2.2 寺庙插花

寺庙插花专用于各种宗教活动及寺庙的陈设，具有浓厚的宗教色彩，质朴、清雅、简洁、自由为其主要风格特点。由于追求超尘脱俗，清净无为的主旨，因此所选用的花材也仅限于莲花、百合、柳枝等具有“极乐净土”表征的花材，构图虚灵、简单对称，多以瓶花、盘花为主，陈设于佛堂、禅房之中。

△ 唐，卢楞迦，《六尊者图》中的佛事插花

2.3 民间插花

中国最早、最原始的广义概念的插花即由民间产生。虽然多以自然花枝或花束形式相互馈赠，或祭祀，或自娱装点，几乎没有构图造型可言，却体现出古拙粗放、简练朴实的风格与特点。另外，民间插花还常作为绘画、戏曲、小说的创作主题与插图等形式表现出来。

△ 唐代水月观音（现存大英博物馆）

2.4 文人插花

古代文人墨客将插花与诗、书、画、印相关联，有助于创作出富有诗情画意的意境，从而也形成了文人插花独有的风貌与特色。既注意主观感受，强调个性的发挥，又不讲排场而讲究神韵。故而多选用清新脱俗，格高韵胜的花材，并以精取胜，善用线条造型，如松、竹、梅、兰、菊、水仙等。文人插花花器以高古朴实、典雅无华的陶、瓷、铜、竹等材质为多。

△ 唐，周昉，《簪花仕女图》

3. 中式插花历史脉络

距今五六千年的中原地区的仰韶文化遗址中出土的不少彩陶盆上有五瓣、四瓣花纹，连绵不断，富有装饰性。这是当时人们对野生的蔷薇、菊花之类的花卉仔细观赏或栽植后才创作出来的图案，也含有祈求丰收之义。

3.1 春秋战国时期

插花在秦代以前就出现了，《诗经》和《楚辞》中就有折花相送、装饰花的记载。《诗经 · 郑风 · 溱洧》："维士与女，伊其相谑，赠之以勺药"，男女折芍药赠予对方。《离骚》："纫秋兰以为佩"，说的是佩戴香花。

3.2 秦汉时期

西汉时，已经有了把花枝均匀插在盆中的简单插花形式。至东汉末年，因为佛教进入中国开始传播，插花成了佛事活动中的供养物之一，被称为"佛花"。此后的很长一段时间，插花都带有浓郁的宗教色彩。这个时期出现了现存最早的插花影像记载——河北望都一号汉墓 1952 年出土的东汉壁画，圆形陶盆内盛净水，六朵红花均匀地插在陶盆内，原始质朴。

△ 河北望都东汉古墓墓道壁画中绘有一个陶质圆盆，盆内均匀地插着 6 支小红花并置于方形几架上，形成了花材、容器、几架三位一体的形象，这也是迄今为止所发现的最早的中国插花

3.3 魏晋南北朝时期

这个时期出现了以储水容器插贮切花的文字记载。北周庾信《杏花诗》中记载了春天折枝用金盘插花："春色方盈野，枝枝绽翠英；依稀映村坞，烂漫开山城；好折待宾客，金盘衬红琼"。这个时期将插花与文化意境结合起来。相应地花卉的应用形式也丰富起来，出现了手持秉花、佩戴襟花、发髻插花等多种日常装饰形式，插花也开始追求造型上的艺术美。

3.4 隋唐时期

隋唐时期，插花开始普及和兴盛，买花卖花随之出现。白居易作有一诗《买花》，其中便有“共道牡丹时，相随买花去，贵贱无常价，酬直看花数”。这个时期的插花艺术主要以宫廷插花为主，更加注重形式美。花材以花形硕大、色彩艳丽的牡丹、芍药为主，体现富丽之感。在花器方面，形成了瓶花、盘花、篮花、缸花、筒花、碗花六大容器插花形式。唐中期插花艺术的发展日趋成熟，并随着文化、宗教等交流开始传入日本，对日本花道的产生及发展起到了极其重要的作用。

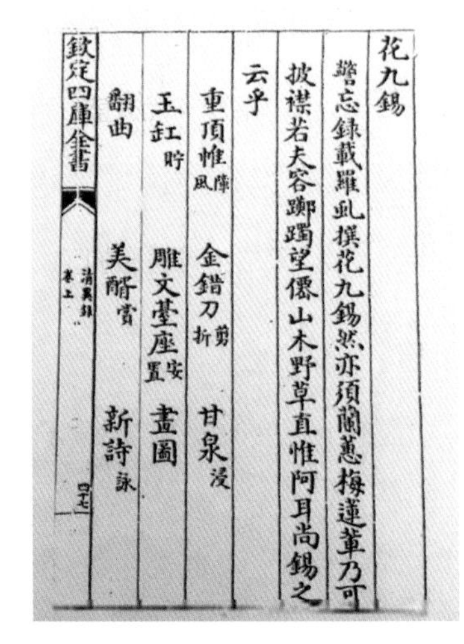
花九錫

譫忘録載羅虬撰花九錫然亦須蘭蕙梅蓮輩乃可披襟若夫容躑躅望僊山木野草直惟阿耳尚錫之云乎

重頂帷障風 金錯刀剪折 甘泉浸

玉缸貯 雕文臺座安置 畫圖

翻曲 美醑賞 新詩詠

欽定四庫全書 清異錄 卷上 四七

△ 晚唐时期罗虬所著的《花九锡》标志着那时候人们的赏花已经进入了一种极为专业的境界，全文只有七十七个字，却覆盖了选花、配器、插作、欣赏多方面的内容

3.5 两宋时期

两宋时期的插花极为普及，无论是花材选择、色彩、构图造型、内涵意境还是理论与技艺等方面，都达到了较高水准。受理学影响，这个时期的插花艺术注重理性意念，喜用松、竹、梅、柏、兰、桂、山茶、水仙、菊、莲等寓意深远的花材。内涵重于形式，构图上追求线条美，突出“清”“疏”，形成清丽疏朗且自然的风格。陶瓷业的发达带动了插花容器的制作与改良，发明了三十一孔花盆、六孔花瓶、十九孔花插等。

宋代作为中国插花史上的鼎盛期，有李嵩所画的《花篮图》留世，现还剩春、夏、冬三幅，从这几幅图，可见当时宋代宫廷花鸟画的繁荣，也可见人们对插花的热爱。

△ 李嵩《花篮图》之春花篮

△ 李嵩《花篮图》之夏花篮

△ 李嵩《花篮图》之冬花篮

3.6 元代时期

元代插花不及宋代兴盛，只限于宫廷和少数文人，但由于受当时文人画和花鸟画的影响，插花逐渐摆脱了理学思想的影响，侧重表达个人情感，所以出现了“心象花”和“自由花”，表现出自由浪漫、无拘无束、轻巧秀丽和潇洒飘逸的风格。花材增加了灵芝、如意、孔雀毛等，丰富了插花配饰。

3.7 明清时期

明代插花艺术复兴，无论是在技艺上和理论上都已成熟和完善，确立了中国传统插花的主要特点与风格，插花在技艺上和理论上都形成了完备的体系；出现了许多插花专著，其中最为杰出的三部专著是《瓶史》《瓶花三说》《瓶花谱》。

明代插花以瓶花为主流，分为两种：明初流行陈设于厅堂和殿堂的“堂花”，体型高大、花材种类繁多，造型庄重华美；明中期流行陈设于书斋和闺房的“斋花”，小巧随意，清新俊逸。

清代形成了以追求自然美为主的插花风格，当时较典型的插花是写景花和造型花。写景花崇尚描写大自然景色之美，造型花则讲究造型的优美。在插花用具上也得到了快速的发展，出现了类似剑山的定枝器。

△ 清代写景盘花（现存台北故宫博物院）

△ 明，陈洪绶，《瓶花图》

△ 清，顾劐，《清供图》

△ 明代厅堂中立式瓶花

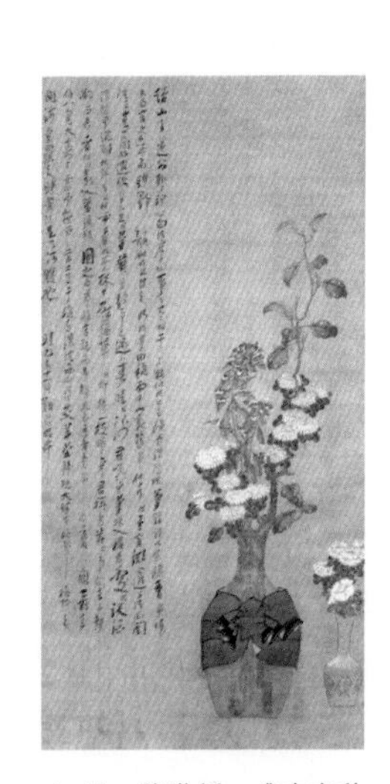

△ 明，陈洪绶，《冰壶秋色图》

⑦ 古典家具式样

1. 床榻类

床榻的历史可追溯至神农氏时代,《广博物志》中曾有“神农氏发明床，少昊始作箦床，吕望作榻”的记载。那时还只是专供休息与待客所用的坐具，直到六朝以后才出现高足坐卧具。床与榻虽然同为卧具，却是两种既不同又相近的家具。汉代刘熙在《释名 · 床篇》中解释道“人所坐卧曰床。”又说“长狭而卑者曰榻”。床体较大，可为坐具，也为卧具，榻体较小，只用于坐具。

1.1 架子床

架子床的基本式样是三面设矮围子，正中无围，便于上下，四角有立柱，上承床顶，顶盖四周装楣板，床面两侧和后备装有围栏。围栏常用小木块作榫拼接成各式几何图样，也有的在正面床沿上多安两根立柱，两边各装方形栏板一块。架子床是中国家具与传统建筑趋同的典型例子，在结构、工艺技术和装饰方法上都有极其相似的地方。

△ 架子床

1.2 拔步床

拔步床又称“八步床”“踏步床”。《鲁班经匠家镜》中：将其分为“大床”和“凉床”两类，其实是拔步床的繁简两种形式。基本构造是把架子床安放在一个木质平台上，平台前沿长出床的前沿两三尺。平台四角立柱，镶以木质围栏。有的还在两边安上窗户，使床前形成一个回廊，虽小但人可进入，人跨步回廊犹如跨入室内。回廊中间置一脚踏，两侧可以放置小桌凳、便桶及灯盏等。这种床式整体布局所造成的环境空间犹如房中又套了一座小房。

△ 拔步床

1.3 罗汉床

罗汉床是由汉代的榻逐渐演变而来的。这类床形制有大有小，通常把较大的叫“罗汉床”，较小的仍沿俗叫“榻”，又称“弥勒榻”。罗汉床不仅可以做卧具，也可以用为坐具，左右和后面装有围栏，但不带床架，围栏多用小木做榫攒接而成，最简单的用三块整木板做成。围栏两端做出阶梯形软圆角，既朴实又典雅。

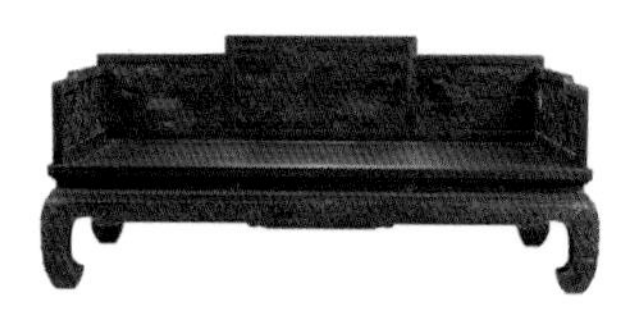

△ 罗汉床

1.4 贵妃榻

贵妃榻又称“美人榻”，古时专供妇女憩息。贵妃榻在制作上很讲究，后有围栏突出并由右向左阶梯式提高，寓意“步步高”，中间常镶以秀丽的云石，上面一般雕刻精美的吉祥如意纹样，围栏演变成扶手形，有的还制作成书卷枕形，为的是让女性在午间小憩之用。明清时期的贵妃榻展现出精细打磨的技法，体现在对围栏、扶手、榻腿的雕花上，龙纹透雕最为流行。

△ 贵妃榻

2. 桌案类

桌案类家具是中式家具中品种最多的一类，人们常将桌、案并称，如明代张自烈《正字通 · 木部》中记载：“桌，呼几案曰桌。”其实，桌与案是有区别的。桌子的四条腿都在桌面的四个角上，并与桌面垂直；案的四条腿不在四角，而是往里侧缩进。

2.1 圆桌

圆桌也称百灵台，桌面为圆形，一般中间由一根饰有花纹的粗大立柱支撑，现在则发展为有不同数量的桌腿。

△ 圆桌

2.2 方桌

桌面呈正方形的桌子，尺寸大者叫“八仙桌”、中等者叫“六仙桌”、尺寸小者叫“四仙桌”，常见的形式有无束腰直足、一腿三牙、有束腰马蹄足等三种。

△ 方桌

2.3 长桌

长桌又称条桌，桌面长宽比超过 3:1。长桌体积不大，可随意摆放，使用方便，是明清时期最为常用的一种桌子，深受各个阶层人士的喜爱。古代文人所用的书桌、画桌所见实物也属于长桌。

△ 长桌

2.4 月牙桌

桌面为半圆形，像一弯新月，委婉怡人。两张月牙桌可拼成一个圆桌，分开时可以单独靠墙放置，提高了室内空间的利用率。

△ 月牙桌

2.5 平头案

平头案即放在书房中用来写字作画的案。案面尺寸较宽大，不做飞角，不设抽屉，两侧加横杖，有的还有托泥装饰，连接结构有夹头榫和平头榫两种方式。平头案有很强的礼仪性，明代时期人们常把它放置在厅堂正中，上配中堂画，前配一方桌和一对椅子。

△ 平头案

2.6 翘头案

案面两端装有翘头，有的翘头还与案面抹头用一块木料做成连体式，挡板多用较厚的木料，一般镂空雕刻精美的图案。翘头案通常放置在窗前，用来摆放花瓶或梳妆用品。

△ 翘头案

2.7 卷书案

来源于炕案，后来发展成为书案的一种形制。特点是没有翘头，有的同侧桌腿连成一个整体，形成板形，向下翻卷，也有的是桌面直接向两侧的下方翻卷，并不影响桌腿的形状。清中期以后，这种卷书案非常流行，并且尺寸也比较大，一般放在正厅里。

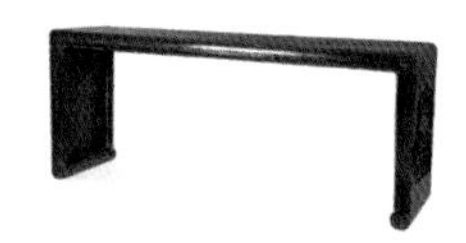

△ 卷书案

2.8 架几案

架几案是几与案的组合体，两端为两只几，架起案面。其特点是两头几与案面不是一体，而是分体的家具。尺寸硕大的架几案极为沉重，仅桌面的面板需要几人才能搬起来，流行于清中晚期。

△ 架几案

3. 椅凳类

汉代之前，人们是没有坐具的，通常采用以茅草、树叶、兽皮等制成的席子，席地而坐。直到一种被称为“胡床”的坐具从域外传入中原，才有了真正意义上的椅凳。到了唐代中期，胡床逐步演化为有靠背、有扶手、能够让双腿自然垂下的椅子。隋唐五代时期，椅凳的运用逐渐多起来。

3.1 交椅

交椅是由交杌发展而来。交杌即古代之胡床，北方人称之“马扎”，民间俗称折叠凳。胡床本是一种无靠背的简易坐具，当人们在其座屉之上增设靠背之后，它便成为一种可倚可坐的椅子。由于这种椅子的四足成对相交，故以其形名之“交椅”。

△ 交椅

3.2 圈椅

圈椅是因靠背与扶手相连成圈形而得名。圈椅整体造型圆润优美，体态丰满劲健。圈背连着扶手的扶手椅，圈背和扶手从高到低一顺而下，靠背板向后凹曲，坐靠时可使人的臂膀倚着圈形的扶手，十分舒适。

△ 圈椅

3.3 太师椅

太师椅是古典家具中唯一用官职来命名的椅子。它最早使用于宋代，最初的形制是一种类似于交椅的椅具。太师椅最能体现清代家具的造型特点，它体态宽大，靠背与扶手连成一片，形成一个三扇、五扇或者是多扇的围屏。

△ 太师椅

3.4 官帽椅

指搭脑两端出头的扶手椅，自宋代就有，因搭脑形似宋代的官帽而得名。官帽椅的形制有三种，一种是搭脑、扶手都出头，称为“四出头”；一种是只有搭脑出头或者扶手出头，称为“两出头”；还有一种是都不出头，称为“南官帽椅”。

△ 官帽椅

3.5 玫瑰椅

又名“文椅”，在形制上有三个基本特点：一是靠背、扶手与椅座均为垂直相交；二是靠背较低，仅比扶手略高一点，不高出窗沿能靠窗台摆放；三是因靠背的装饰图案不同或采用不同的牙子而有多重样式。

△ 玫瑰椅

3.6 靠背椅

椅面为方形，有靠背没有扶手。一般有两种形制，一种是搭脑不出头，成为“一统碑”；一种是横梁长出两柱，又微向上翘，犹如挑灯的灯光，称为“灯挂椅”。靠背椅可随处移动，适用于居室许多地方。

△ 靠背椅

3.7 方凳

这种凳子尺寸不等，最大的约两尺见方，最小的也有一尺，虽然从外貌总体来看就是方形的凳子，但样式变化却让人感到“静中有动”。

△ 方凳

3.8 圆凳

圆凳也叫圆杌，是一种杌和墩相结合的凳子，多带“束腰”，用料较珍贵，如红木、楠木。

圆凳的凳面变化较多，有圆形、海棠形、梅花形等。

△ 圆凳

3.9 鼓凳

是中国传统凳具家族中最富有个性的坐具。圆形，腹部大，上下小，其造型形似古代的鼓。这种圆凳一般都是古代女子所坐。由于爱美的女子常常在座椅上装饰自己所绣的丝织物，在它上面覆盖一方丝绣织物，故又称“绣墩”。

△ 鼓凳

3.10 禅凳

古时书斋或禅房中可供跏趺坐的方凳，坐面尺寸比一般杌凳宽，并大多采用穿棕编藤做法。

△ 禅凳

4. 箱柜类

柜子的使用大约始于夏商时期，初名为椟或匮。《篇海》中记载“车内容物处为箱”，所以说古代的箱子是指在马车上存放物件的容器。出土文物中，截至目前年代最早的柜子，应该是河南信阳长台关战国楚墓的小箱和湖北随县曾侯乙墓的漆木衣箱。

4.1 多宝格

多宝格兴盛于清朝，是一种形制独特的架格，架内分成若干个高低长短不一的框格，有正方形、长方形、菱形、扇形、六角形、曲尺形、半圆形等千姿百态的形状，多者可达上百格。除陈列各种青铜器、玉器、漆器、瓷器、陶器等古董外，也可放置书画卷轴。

△ 多宝格

4.2 亮格柜

架格和柜子结合在一起，常见的形式是架格在上，柜子在下。架格齐人肩或稍高，中置器物，便于观赏。柜内储存物品，重心在下，有利稳定。

△ 亮格柜

4.3 圆角柜

以其柜身常作圆转角而得名，是一种很有特征的明式家具，在明代十分流行。圆角柜又分为通天门和带闷仓两种，主要特征可以概括为圆角圆框、侧脚收分、柜帽凸出、门轴开合。因其上窄下宽的造型，给人非常稳定的视觉感受。

△ 圆角柜

4.4 方角柜

小型的方角柜高一米余，也叫炕柜；中型的方角柜高约两米，一般上无顶柜。方角柜由上下两截组成，下面较高的一截叫立柜，又叫竖柜；上面较矮的一截叫顶柜，又叫顶箱。上下合起来叫顶箱立柜。又由于柜子多成对，每对柜子立柜、顶箱各两件，共计四件，故又叫四件柜。

△ 方角柜

4.5 闷户橱

从外观来看，闷户橱形如条案与矮柜的结合体。上面是条案的样子，有的有翘头，有的无翘头，可以承置、摆放物品。案条下方是抽屉和闷仓，用以收纳、储藏物品。通常抽屉柜面、闷仓的立墙上会有雕花装饰。

△ 闷户橱

5. 屏风类

中式屏风文化历史非常久远，《物原》中就有“禹作屏”之说。以此推算，屏风已有4000年以上的历史。《周礼掌次》有“设皇邸”的描写，邸是屏风早期的称谓，通常设在天子座后，显示皇权。汉唐时期，大户人家凡厅堂必设屏风。屏风也由遮蔽、挡风的作用演变为绚丽多彩的室内装饰艺术品。明清时期，屏风文化达至高峰。

5.1 围屏

可以折叠的屏风。一般有四、六、八、十二片单扇配置连成。因无屏座，放置时折叠成锯齿形，故别名“折屏”。围屏的屏扇、屏芯的装饰方法一般有素纸装、绢绫装和实芯装，又有书法、绘画、雕填、镶嵌等表现形式。

△ 围屏

5.2 插屏

宋代文人为了防止桌上的墨被吹干，发明了一种可放在桌上的小屏风，成为“砚屏”，后来逐渐演变为一种桌案上的装饰性屏风。插屏的具体优点是拆装方便灵活，小件插屏甚至可将屏心随意取下，作为欣赏把玩的佳器。

△ 插屏

5.3 地屏

形制上为单面的落地大屏风，下面有屏架。地屏主要分为座屏和落地屏两类。地屏形体大，多设在厅堂，一般不会移动。

△ 地屏

5.4 挂屏

挂屏为明代末期才开始出现的一种挂在墙上作装饰用的屏牌，大多成双成对，四扇为四条屏等，到清代后此种挂屏十分流行，至今仍为人们喜爱。

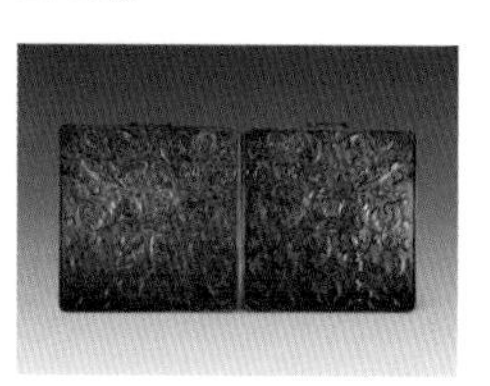
△ 挂屏

第二节 新中式室内装饰特征解析

一、古典中式空间设计特点

古典中式风格融合了庄重与优雅双重气质，设计上吸取传统木构架建筑的藻井、天棚、挂落、雀替的构成和装饰。空间中较多出现窗花、博古架、中式花格、顶棚梁柱等装饰。在格局上讲究对称，家具的数量和摆放位置都讲究成双成对，对称摆放，带来一种协调、舒适的视觉感受。在古典中式空间中，门窗已不仅仅是室内的一个组成部分，更是作为一种装饰的存在。传统中式门一般均是用棂子做成方格或其他中式传统图案，用实木雕刻各式题材，制造立体感。

△ 古典中式雕花门扇

△ 古典中式挂落

为了营造沉稳内敛的气质，古典中式家具起到了非常重要的装饰作用，一般分为明式家具和清式家具两大类。色彩多以暗红色为主，材质多选用名贵硬木制作而成，在雕花上用心设计，各类雕刻图案如蝙蝠纹、万字纹、牡丹花纹等均表达着各种美好的寓意及祝福，完美地呈现手工雕刻的意蕴。

△ 古典家具注重精雕细琢，宛如一件艺术品

△ 寓意吉祥的传统雕刻图案

二、新中式室内设计的定义

新中式风格的室内设计由传统中式风格随着时代变迁演绎而来，凝聚了中国两千多年的民族文化，是历代人民勤劳智慧和汗水的结晶。新中式风格的起源可以细分到不同的朝代，从商周时期出现大型宫殿建筑之后，历经汉代的庄重典雅、唐代的雍容华贵、明清时期的大气磅礴，直至如今，在现代设计风格的影响下，为了满足如今现代人的使用习惯和功能需求，逐渐形成了新中式风格，其实这是传统文化的一种回归。

在经过融合之后而形成的新中式风格中，体现出来的不单单是古典中式风格的延续，更是人们一种与时俱进的发展理念。这些“新”，是利用新材料、新形式对传统文化的一种演绎。将古典语言以现代手法进行诠释，融入现代元素，注入中式的风雅意境，使空间散发着淡然悠远的人文气韵。新中式风格延续了明式家具的简约与自然流畅，摒弃了中式风格中繁复的雕花和纹路、描金与彩绘，造型简洁，色彩淡雅。

简单地说，新中式风格是对古典中式家居文化的创新、简化和提升。是以现代的表现手法去演绎传统，而不是丢掉传统。因此，新中式风格的设计精髓还是以传统的东方美学为基础，万变不离其宗。作为现代风格与中式风格的结合，新中式风格更符合当代年轻人的审美观点。

△ 新中式家居将古典语言以现代手法进行诠释，融入现代元素

△ 保留中式对称陈设的特征，以现代人的审美和功能需求打造富有传统韵味的客厅空间

△ 新中式风格的设计重点是在提取传统家居精华元素的基础上，从而满足现代人的居住需求

新中式风格把古典风范以现代人的审美和生活需求融入室内空间中。比如古典中式空间尊崇排布均衡的设计原则，其四平八稳的空间格局，反映了中国自古严谨的伦理观念。新中式风格也常引入这样的设计格局，但进行一定程度的简化，将传统元素以朴实现代的形式表现出来，呈现出经典而又不繁琐的装饰特点。

三、新中式空间设计特点

新中式风格虽然摒弃了传统中式风格中复杂繁琐的设计，但继承了整体空间布局讲究对称的特点。这种对称不再局限于传统的中式家居格局的对称，而是在局部空间的布局上，以对称的手法营造出沉稳大方、端正稳健的特点。

新中式风格在设计上采用现代的手法诠释中式风格，形式比较活泼，用色大胆。空间装饰多采用简洁、硬朗的直线条。例如直线条的家具上，局部点缀富有传统意蕴的装饰，如铜片、柳钉、木雕饰片等。材料上选择使用木材、石材、丝纱织物的同时，还会选择玻璃、金属、墙纸等工业化材料。家具可以选择除红木家具以外的更多材质进行混搭，有些空间还会采用具有西方工业设计色彩的板式家具与中式家具搭配使用。字画可以选择抽象的装饰画，饰品也可以采用带有东方元素的抽象概念作品。

新中式风格的家居文化有着极大的包容性，并且在现代技术和新观念的冲击而不断更新与拓展。现代与传统的相互渗透，造就了质感时尚、韵味悠长的新中式风格。新中式既带有古老东方的神秘气质，亦有当今大道至简的生活理念。现如今，国际家居设计界越来越重视中式元素的使用，说明新中式风格的家居文化在世界上有着举足轻重的地位。

△ 新中式家具的特点是以现代的手法简化古典中式家具的复杂结构

△ 金属、琉璃等新材料的出现是新中式风格空间的特征之一

第三节

新中式空间软装定位解析

一 新中式软装风格类型

1. 东方雅奢

东方雅奢的新中式风格在保留古典中式风格含蓄秀美的设计精髓之外，还呈现出精致、简约、轻奢的空间特点，时尚中又糅合着古典风韵。整体空间的设计大胆而新颖，同时也更加契合现代人的时尚审美需求。在设计时，可以在空间里融入时下流行的现代元素，形成传统与时尚融合的反差式美感，并展现出强烈的个性。在材质运用上，虽仍以质朴无华的实木为主，但也大胆采用金属、皮质、大理石等现代材质进行混搭，在统一格调之余，又赋予新中式风格更加奢华的魅力。

△ 于传统中透露着现代气息是东方雅奢风格的主要特征

△ 大理石与金属等现代材质制作的家具

东方雅奢的空间经常把古典中式风格中典型且具有代表性的装饰元素进行革新与颠覆。例如把古典家居常见的鼓凳，用金属、亚克力及玻璃等材质进行设计或加以点缀；或者用创意新颖的墙面装饰画及实物装裱画，取代了传统国画，再或者将古典中式风格的配色体系进行彻底改变，选用如玫红色、粉红色、电光蓝色、紫色等极富视觉冲击的色彩进行搭配设计。既符合传统的东方美学，又不失现代时尚感。

△ 加入黄铜材质的吊灯搭配金属线条镶嵌的床头背景

2. 儒雅端庄

儒雅端庄的新中式风格更多借鉴清代风格的大气稳重，在此基础上运用创新和简化的手法进行设计，规避繁杂的同时降低传统中式风格中的厚重感，保留庄重沉稳的东方韵味。在继承与发扬传统中式美学的基础上，以现代人的审美眼光来打造富有传统韵味的事物。这不仅是古典情怀的自然流露，同时也展现了现代人向往高品质的生活方式。

在色彩搭配上，会采用如红色、紫色、蓝色、绿色及黄色等古典中式风格常用的色彩，而且色彩都比较饱和厚重。此外，木作家具一般采用褐色或者黑色等深色居多，给人以大气中正的感觉。在家具的造型上，运用了创新和更为简洁的设计手法。

△ 整体保留端庄沉稳气质的同时进行创新和简化的设计

△ 左右对称的陈设形式给空间带来端庄沉稳的气韵

△ 中国红等传统中式色彩的应用

△ 黑色和褐色家具的搭配表现出厚重感

儒雅端庄的格调正是新中式风格中最接近古典文化的一种氛围。简洁的空间中没有繁杂和冗余的造型与结构，直线感的造型给予中式艺术更多表达的余地。在整个空间及软装设计上遵循中式古典文化的精髓，从而突出清新淡雅、内敛含蓄的气质，亦张亦弛中让人品鉴东方美学底蕴。

3. 古拙禅意

古拙禅意的新中式风格崇尚“少即是多”的空间哲学，追求至简至净的意境表达，常运用留白的设计手法。木作及家具的材料多为天然木材的本色，体现出返璞归真的禅意韵味。在装饰材料的搭配上，可选择原木、竹子、藤、棉麻、石板及细石等自然材质。不仅能与禅宗淳朴的气息形成完美呼应，并为居住者带来了贴近自然的感受。

中式禅风空间设计注重简素之美。在禅风居室中，看不到奢华辉煌的空间陈设，常见清逸简约的中式家具、高古拙朴的花格门窗、素雅别致的布艺软装、清丽文质的小景摆件等。此外，还可以放置一张造型简约的茶桌，一扇绢丝屏风，在新中式风格的空间里打造出饱含诗意又闲情逸致的生活情境。

△ 禅意中式风格追求至简至净的意境表达

△ 禅意中式风格通常以天然木材的本色作为空间的主体色

△ 榻榻米地台和草编蒲团坐垫让空间充满浓郁而朴实的自然风

△ 清逸简约的中式家具和花格门窗是空间的主角

4. 质朴文艺

质朴文艺的新中式风格是一种复古风，通常不会使用造价过高的材质和工艺，是很受时下年轻人喜欢的一种设计手法。装饰时在保留传统的中式家具制式的基础上，叠加时尚的颜色和花纹，或者再加以做旧处理，彰显个性的同时又保留传统中式的韵味。空间汇总完全不会让人感受到古典中式风格带来的中正和拘谨，反而给人朴实并具有文化底蕴的感受。

在材料的选择上，不宜使用过于精致硬朗的材质和过于细腻的工艺手法，可选择简单质朴的方式来体现。比如硬装上采用水泥墙面和地面，要比用光洁的大理石更能体现朴拙的自然氛围。另外，粗糙不加修饰的原木材质也是营造质朴文艺气质的不二选择。

△ 硅藻泥与竹子体现拙朴的自然氛围

△ 水泥墙面与原木树杈灯架给空间带来原生态的美感

质朴文艺的新中式风格也可以和很多同样具有简单年轻气质的风格混搭在一起，比如北欧风格、日式风格、地中海风格等。现在流行的民宿和小型精品酒店、网红咖啡厅等空间中，这种风格被运用的频率很高，很受文艺青年们的喜爱。

△ 粗糙不加修饰的原木家具是营造文艺气质的主要元素

5. 清新雅致

清新雅致的新中式风格，少了些古典中式风格的气势恢宏，多了些婉约温馨的气质特点，给人一种亲切舒适而又不失雅致的感受。在保留中式文人气质的同时，更多体现温馨包容的氛围。中式线条更加利落硬朗，似有若无的边界，符合中庸之道的意境。相对于传统的中式风格来说，在空间细节上会有金属的装饰，但比例上不多，用来体现富贵饱满的质感。

在色彩搭配上，不宜选择过于厚重的颜色，并适当降低色彩的饱和度。可选用象牙白、米色、灰色等比较包容的色彩作为基础色，以自然淡雅的蓝色、绿色作为点缀色。中式传统文化中的山水、云翳、雾霭、流岚等元素，常常以吉祥的寓意出现在清新雅致的新中式空间装饰中。

△ 经过重新演绎的中式元素与现代造型饰品同处一室

△ 金属元素在空间装饰中的局部应用

△ 中式水墨山水元素应用于床头背景墙

△ 通常运用淡雅的中性色作为空间的基础色

二、新中式软装场景设定

1. 东方雅奢新中式软装场景

东方雅奢的新中式氛围在保留了古典人文情怀的同时，兼具了现代装饰的时尚性与实用性，又符合当代人们对于精致生活的向往。

△ 东方雅奢新中式软装场景

设定的空间场景中，可选择黄铜质感的茶几与金属色泽的灯具锁定空间的视觉焦点，并与胡桃木、丝绒的家具材质产生碰撞，形成强烈对比，活跃空间氛围。空间中的软装摆件均以传统的中式元素做题材，用现代的手法进行再设计，既蕴含中式的文化底蕴，又符合现代审美。

2. 儒雅端庄新中式软装场景

室内门窗和隔断在功能与形式上都是对中国元素的一种创新应用，开阔的门窗弱化了墙面带给空间的封闭感，运用借景的设计手法达到“移步异景”的效果。木质坡度吊顶是对传统中式房梁的再设计，三角结构既挑高了房梁又给人以稳固感，达到既实用又美观的效果。

在软装设计中，可选择传统中式纹样的床品、地毯，与墙面的挂画形成富有节奏的变化关系，再搭配带有中式元素的现代材质的摆件或挂件，营造出典雅的空间氛围。视觉观感下的传统配饰，无一不在诉说着古老东方文化的设计之美，从而塑造出一种“稳重静谧”的对称美。

△ 儒雅端庄新中式软装场景

3. 古拙禅意新中式空间场景

中式家具和木作都选用朴素的原木，是打造禅意空间的主要设计语言。原木一般不会上油漆，而是采用免漆处理，再用烫蜡的工艺来表现出自然的纹理。墙面留白处理与家具的原生态气质如出一辙，充分体现出大道至简的文化精髓。水墨画的使用使整个空间的文化氛围更浓，淡淡的水墨，大大的留白，也是对禅意更深的理解。一张条案、一段梅枝配以素色的茶器，这些中式元素被巧妙地运用，可构造出一个禅意十足的空间。

在新中式禅意空间中，山石盆景也常作为重要的饰品摆件出现在空间中，比如太湖石摆件常常会放在玄关处，或者变成微缩的小摆件放置在书桌上，或以摆件的形式出现在书柜中。

△ 拙禅意新中式空间场景

4. 质朴文艺新中式软装场景

乡野构成了整个空间的叙事性框架，室内常见水泥墙与原木色，再配以做旧的深色中式老家具，在诠释中式古朴的同时，更具有轻松舒适的现代气息。陶罐、瓷碗、山间撷来的树枝，构成了山林的缩景，静静地抒写着乡野的印记。老木的桌椅、裸露的水泥墙壁，都极力配合这种气氛的营造。室内可选择精心打造的定制家具与一些老物件：如几把废弃的老木椅子重新组装后，搭配一张造型独特的老旧方桌，在此休憩，或饮酒品茗，或围炉夜谈。

△ 质朴文艺新中式软装场景

5. 清新雅致新中式空间场景

常以米色系为基础色调贯穿空间，打造温馨的氛围，背景墙可选择蓝灰色，打造江南烟雨朦胧的主题，强调新中式空间中的婉约气质。地面可采用灰色调的大理石地板，保证空间的简约气质。地毯上配以水墨图案为空间增添一抹流动的美感，点缀丝绣会显得更加精致。装饰画与摆件可用中国传统的山石作题材，运用现代的装饰手法来表现，是新中式风格惯用的手法，不失美感的同时也能传达出中式文化的浓厚底蕴。

△ 清新雅致新中式空间场景

三 新中式软装灵感来源

1. 东方雅奢新中式软装灵感来源

新中式风格既立足于传统，又巧妙地融合了现代特色。它是以现代元素与古典元素相结合的方式，表达了人们对清雅含蓄的东方式精神境界的追求，让传统艺术在现代生活中得以延续。

这类风格的软装灵感通常来源于古代建筑与服饰中古典奢华的皇家风范，其中华丽的纹样、繁复雕饰以及浓重的色彩沉淀千年，经过无数岁月沧桑与历史的洗礼，仍然魅力不减，散发着浓郁的东方美学情调。

△ 东方雅奢新中式软装灵感来源

2. 儒雅端庄新中式软装灵感来源

梁思成曾有这样一句话“我们应该研究汉阙，南北朝的石刻，唐宋的经幢，明清的牌楼，以及零星碑亭、泮池、影壁、石桥、华表的部署及雕刻，加以聪明的应用。”五千年的文明，传承的不仅是博大精深的中华文化，更是深入灵魂的民族品质。将中国传统建筑的设计元素与现代室内设计的明朗简约风格相融合，以新中式风骨向传统建筑致敬。正是儒雅端庄新中式所要体现的氛围。

抛开一味因袭守旧的思维定式，游走在东方与现代的创想之中，成就一个个意蕴绵长的生活空间，东方的哲美意涵与现代的时尚情调交织共映，让人栖居在艺术的深意之中。

△ 儒雅端庄新中式软装灵感来源

3. 古拙禅意新中式软装灵感来源

这类风格的软装灵感通常来源于徽派老建筑，其中包括老建筑的屋顶、斑驳的墙壁以及一些看似不太完美甚至残缺的细节。禅宗文化追求去伪存真，溯本求源的价值观和哲学理念，禅意风格受其影响，在设计上遵循自然之道，灵感也来源于人对自然的感受。设计上应该不夸张、不做作、不矫饰、不违背自然规律和人性。呈现出简单安静的功能，倡导在幽静中表现对自然和人生的眷恋和思考。

△ 古拙禅意新中式软装灵感来源

4. 质朴文艺新中式软装灵感来源

中国人总是怀抱着某种乡土情结，依山而居、种花锄地、举杯望月、卧听虫鸣……那是古人诗词里的山居生活，也是今人苦苦寻觅的惬意旅程。城市生活的人们往往喜欢农村的空气、水源、绿色食物，厌倦了朝九晚五的城市生活，渴望拥抱自然。春可踏青观蝶，夏能嬉水纳凉，秋尚踩叶拾栗，冬宜烤火赏雪。

回到乡野，无论是行走其中的起伏感，抑或触碰枝木的温和手感，触觉将人与大地紧紧联系在一起。三五间房，背山面水青瓦片、夯土墙古朴庭院落与山野浑然天成，质朴文艺的新中式氛围正是设计师想要传达的精神诉求。

△ 质朴文艺新中式软装灵感来源

5. 清新雅致型空间灵感来源

细雨如丝，薄雾如烟，历代文人代代相传的赞美中，烟雨成了江南的符号。一些颜色淡雅线条简约又不失古典气质的空间，常常让我们联想到江南春天丝丝的细雨中，一位佳人撑着油纸伞缓缓走过。清新温馨的新中式风格与江南的婉约气质自然融合。

△ 清新雅致型空间灵感来源

四 新中式软装格调定位

1. 东方雅奢新中式软装格调定位

关键词：典雅 奢华 精致 文化

古典中式风格比较倾向于打造华贵富丽、雕梁画栋的艺术效果，那么雅奢新中式风格则显得简洁明了许多。不仅在格调气质上一改浮华本色，变得更加低调、优雅。而且打破了传统中式过于庄重、沉闷的氛围，使新中式更趋于实用，更富现代感。它是在继承与发扬传统中式美学的基础上，以现代人的审美眼光来打造富有传统韵味的事物，让现代家居呈现典雅、奢华、时尚、文化的一面。

△ 东方雅奢新中式软装格调定位

2. 儒雅端庄新中式软装格调定位

关键词：庄重 浑厚 典雅 含蓄

将中式建筑元素与现代手法结合，运用到室内空间及软装饰品上，从而产生一种稳重、端庄的氛围。以新的形式传承古老物象的意境之美，于极简中展现中式设计的独特味道。

在进行格调定位时不能脱离主题，比如灵感来自中国传统建筑，那么空间氛围就要做到一脉相承，除了表现稳重、端庄的气质以外，还应考虑突出东方美学的含蓄与优雅。

△ 儒雅端庄新中式软装格调定位

3. 古拙禅意新中式软装格调定位

关键词：古朴 雅致 简素 禅风

禅是宁静的心，质朴无暇，回归本真，是参透人生的一种形态。禅意新中式主要是运用传统文化的元素将禅意融入其中，来表现空间的魅力。同时又能将现代人对于生活的理解和追求表现出来，讲究意境。在格调和氛围定位上，应遵循以上原则，呈现出雅致素简的空间气质。设计上应融入中式的传统文化，以体现古朴氛围为前提。

△ 古拙禅意新中式软装格调定位

4. 质朴文艺新中式软装格调定位

关键词：朴实 文艺 乡野 自然

隐居山林，吟一阕岁月静好，不言悲喜只谈风月，这里有陶诗式的通雅居所，用从容优雅的姿态去细细勾勒出理想的生活模样。质朴文艺的新中式风格的核心概念，正式将自然环境纳入中式建筑空间体系，将地域文化融于设计语言，加入年轻时尚的文艺气息，给人以闲适自然的空间体验。

△ 质朴文艺新中式软装格调定位

5. 清新雅致新中式软装格调定位

关键词：婉约 水墨 浪漫 清爽

江南的自然风物灵秀，人文蕴涵隽美，在格调定位上应遵循主题的选定。山茶清茗，烟岚迷蒙，细雨点染出水乡的圈圈涟漪之美，是对江南的记忆。空间格调也应该是典雅而不失浪漫的，所以不论硬装和软装都应该表现清爽的气质，去掉传统中式的繁复和厚重。

△ 清新雅致新中式软装格调定位

五 新中式软装色彩定位

1. 东方雅奢新中式软装色彩定位

在中华上下五千年的文化积淀中，中国红可当之无愧地称为“最具中国传统底蕴”的色彩。表现奢华氛围常用的黄铜是时尚的象征，与红色搭配，十分和谐，同时还把红色字浸染得更加时尚、精致。相较于中国红的热烈奔放，胡桃色和青色显得更加沉稳雅致，诉说着新中式雅居的诗意魅力。

以红色作为空间的主题色彩，可以淋漓尽致地彰显出高贵、华丽的空间气场；哪怕是恰到好处的局部点缀，也能打造出一场别样的视觉盛宴。

△ 东方雅奢新中式软装色彩定位

2. 儒雅端庄新中式软装色彩定位

配色上更趋向于富有中国画意境的高雅色系，以无彩色和自然色为主，比如可选用冷静典雅的玄青色、沉稳大气的胡桃木色、具有东方神韵的枫叶红以及凸显气质的象牙白。整体意境在灰白色系间，绿植的颜色和一抹淡淡的红，丰富了空间画面，突出东方意境。

△ 儒雅端庄新中式软装色彩定位

3. 古拙禅意新中式软装色彩定位

禅意空间中一般呈现的都是自然材质本身的颜色，如原木的木色、山石水泥的青色，还有绿植的绿色以及大面积留白组成，这些色彩平凡而不俗，将传统文化氛围表露无遗。凭借一丝禅意，既把雅致的设计用于家居生活，又能使心情宁静而愉悦，简简单单，朴朴实实更是精美生活更好的体现。

△ 古拙禅意新中式软装色彩定位

4. 质朴文艺新中式软装色彩定位

并不是只有大红大紫才能表达新中式的特点。质朴文艺新中式的空间在视觉上不会出现大面积饱和鲜艳的色彩，以素雅清新的颜色为主，比如湖蓝、靛蓝等带有乡土气息或者民族气息的颜色，与粗糙的木质家具混搭，使得整个空间看起来更加清爽。置身于此，既能于角角落落触及时尚气息，亦可从一砖一石中感受当地独有的乡土韵味。

△ 质朴文艺新中式软装色彩定位

5. 清新雅致新中式软装色彩定位

色彩定位上遵循江南烟雨这个主题中所蕴含的色彩最为妥当，如雾霭、流岚、细雨等来自自然的颜色，色相上为水绿色、天青色、灰蓝色等。其实这些颜色也恰恰是中国水墨画中对于描绘江南题材常用的颜色。以传统的颜色来表达中式文化的底蕴，没有任何显著的东方符号堆砌，言有尽，意无声，却自始至终浸透着东方特有的温婉与静谧。

△ 清新雅致新中式软装色彩定位

六 新中式软装材质定位

1. 东方雅奢新中式软装格调定位

关键词：黄铜、石材、丝绒、刺绣

除了以实木和天然大理石为主基调之外，硬装上应大胆地采用黄铜及拉丝不锈钢材质，例如金属镂空的屏风，拉丝不锈钢吊顶装饰线条，皮质硬包、真丝布艺硬包或者软包等。甚至会有局部运用手工刺绣来装饰背景墙。这些工艺复杂且名贵的材质，也经常被运用在软装饰品上，在统一格调之余，又给予了新中式风格奢华的魅力。

△ 东方雅奢新中式软装材质定位

2. 儒雅端庄新中式软装材质定位

关键词：石材、木饰面、哑光真皮、丝绸

材质选用大理石、深色木饰面板可在返璞归真中尽显大气沉稳，亚光真皮与丝绸提升了空间的舒适感。细腻、柔和的布艺纹理抚慰心灵，富含中式古朴韵味的家具，通过饱满丰富的细节展现空间的精神内核与韵味厚度。承袭传统书画文意，汇成设计的语素，构筑意蕴绵长的精神栖居地。

△ 儒雅端庄新中式软装材质定位

3. 古拙禅意新中式软装材质定位

关键词：原木、砂石、水泥、棉麻

材质定位应遵循禅意新中式风格的特点，以选择简单朴素的材质为宜。如原木、砂石、水泥、棉麻等材质。通过朴素自然的天然材料，内敛的气息，让整个空间表现出禅宗的意境。

△ 古拙禅意新中式软装材质定位

4. 质朴文艺新中式软装材质定位

关键词：旧木、陶艺、铁艺、棉麻

打造质朴文艺的新中式空间，除了颜色的素简，更重要的是配合天然材料的应用。不论硬装环境还是室内的软装饰品都应遵循传统质朴、可持续性、纯天然的原则，比如一些乡村民宿常常以竹为主体材料。竹板的墙面、手工竹编的天花板、软装上采用竹编织的椅子或者小花器等，从视觉上形成一系列的关联。原木材质以及做旧的木质家具等，都是打造这种氛围的最佳搭档。能给人轻松、自在、亲切的观感。

△ 质朴文艺新中式软装材质定位

5. 清新雅致新中式软装材质定位

关键词：陶瓷、皮革、丝绸、棉麻

通过陶瓷、皮革等材质呈现丰富的层次感，显得恬淡可亲而更具立体感，从而营造出大而不空，厚而不重的视觉效果。软装上选择棉麻与丝绸相结合的搭配，营造踏实而又不失温柔的空间气质，细节处也会用少量的皮革与金属以呈现精致干练的气质。

△ 清新雅致新中式软装材质定位

第四节

新中式风格常见设计手法

一 对称设计

中国人对于建筑里的中轴线，有着千年不变的恪守，这正是源于骨子里对于对称美的无限钟爱。从皇城宫苑到普通民宅；从群体建筑的规划到一户一室的布局，从轩榭廊舫到厅堂馆斋……处处都可见中式对称设计的影子。

所谓对称就是指以一个点或者一条线为中心，让其两边的形状和大小都为一致。对称的空间设计蕴含着平衡、稳定的美感。在许多中国文化及国粹中，如建筑、绘画、诗歌、瓷器、书法等都能看到对称手法的运用。

在新中式空间中，对称的设计手法可以说是无处不在，如把软装配饰利用均衡对称的形式进行布置，可以营造出协调和谐的装饰效果，并且能与家居总体布局形成和谐统一。此外，新中式风格中的家具，通常也采用对称的方式陈列排布，并以双数为基本准则，通过匀称的设计手法制造出了沉稳的空间布局。

△ 对称式的家居设计反映出中国人独有的平衡概念，并且给人协调舒适的视觉感受

二 留白应用

留白是国画艺术中的精髓，体现虚实相生，无画处皆成妙境的艺术效果。它可以拓宽空间的层次布局，给人留下遐想的余地，更强调了艺术意境的营造。留白的设计手法能让空间产生空灵、安静、虚实相生的视觉效果。

留白是剔除多而无用的繁杂装饰，为空间做减法，只留下精神和气韵给心灵打造无限遐思的空间。留白的意义不是为了空而空，否则显得特别的寡淡、乏味。其实，留白的初衷就是为了聚焦视线，让人们把注意力集中在空间的主体上。焦点越鲜明，整个格局就越饱满。

将留白手法运用在新中式空间的设计中，是以大面积的空白墙体为载体，点缀较少的装饰，并将观者的视线顺利转移到被留白包围的元素上，从而彰显了整个空间的审美价值。

△ 留白的处理自有一种余韵无穷的境界，更会让人感受到浓浓的禅意

△ 留白手法应用于室内空间中，可产生空灵、虚实相生的视觉效果

借景

借景是指在目光所及范围内，将美好的景色整合到视野中，在室内常表现为空间对空间的渗透。增加感知环境的深度和广度，创造审美情趣。借景的目的是丰富空间层次和深度，形成空间的虚实、疏密、明暗的变化对比。

新中式室内空间借景的常用方法是采用大面积的落地窗或小窗格将自然之景引入室内。

△ 留白是使用少量的设计元素，来呈现更开阔的空间意境

△ 利用大面积窗户将室外庭院的景色引入室内空间

四 框景

框景是指利用门框、窗框、洞口等有选择地选取空间景色。框景的构成方式有两种。一种是设框取景，就像照相一样提前有个固定的框，再借框取景。另一种是对景设框，在优美的景致对面设框，把美景收入景框内。

在室内设计中，框景的主要形式有两种：门洞和窗框。像在园林设计中常见到的月亮门，就经常被运用到室内空间。

△ 月亮门

月亮门

月亮门是中国古典园林建筑中如同一轮十五满月的门洞，又称月洞门或月门，寓意团圆美满。如果室内空间过于开阔空旷，在不合适完全用墙隔断的情况下，运用月亮门进行分隔、过渡，具有很强的装饰性作用。

△ 窗洞

窗洞

窗洞是指墙上开各种花窗、漏窗，形成隔而不断、似连又分的景象。透过窗子可以看到另一面的景观，好似镶在墙上的一幅画。

艺术屏障

相较于墙体开洞，小品屏障在室内空间中同样起到分割、框取景观的作用，灵活度更高，形态更多元，常见样式有屏风、博古架等。

△ 艺术屏障

五 障景

障景设计上通常采用构筑物遮挡、分隔景物，将美景收于其后，使人不能一览无余，达到欲扬先抑的效果。障景可以起到很好的视觉缓冲作用，在需要隔绝视线的地方，可采用中式屏风、窗棂、木门、博古架等元素，使空间的层次感更加丰富。

△ 利用屏风作为视觉缓冲，避免观者一眼望穿整个空间

六 漏景

漏景是指透过虚隔物看到的景象，虚隔物可以是花窗、格栅、漏窗、半透明的玻璃隔断等。漏景是从框景发展而来。框景景色全观，漏景若隐若现，含蓄雅致。漏景的应用使空间似隔非隔、景物若隐若现，富于层次。通过虚隔物看到的各种对景可以使人目不暇接而又不致一览无遗，实现虚中有实、实中有虚、隔而不断的艺术效果。虚隔物本身的造型或图案在不同的光线照射下可产生各种富有变化的阴影，使空间显得活泼生动。

△ 漏景的实木格栅实现空间处处有景，移步换景的独特效果

七 添景

添景也可叫作点景，在室内一些虚空而缺乏层次的位置添加一些小景致，以丰富空间的细节美感。一花、一木、一水、一石、一椅、一凳都可以为新中式空间添景，比较典型的是在过道尽头设置端景。

△ 利用翘头案上摆设的松柏盆景为新中式空间添景

Design

New Chinese Style

新中式风格

【第三章】

传统色彩在新中式空间中的应用

第一节

中国红

一、中国红文化符号

从朱门红墙到红色嫁妆，中国红氤氲着古色古香的秦汉气息；延续着盛世气派的唐宋遗风；沿袭着灿烂辉煌的魏晋脉络；流转着独领风骚的元明清神韵。

红色是中华民族最喜爱的颜色，甚至成为中国人的文化图腾和精神皈依，使用的历史十分悠久。在远古时代，太阳使植物生长，火能驱赶野兽，古人将对自然和生命的崇敬转化到对红色的崇拜。在周朝时期，红色便非常盛行，又称其为瑞色、绛色。汉初，汉高祖刘邦“与功臣剖符做誓，丹书铁契，金匮石室，藏之宗庙”，刘邦使用“丹书”与有功之臣盟信，用红色表彰臣子的赤胆忠心。直到今天，印章也多为红色，以作盟誓约信之用。

在古代，从洞房花烛到金榜题名，从衣装到住所，尚红的习俗随处可见。在京剧脸谱中，红色代表的是忠贞、英勇、庄严威武的人物性格。红色染料最早是从矿物颜料如赤铁矿粉末和朱矿中提取的，到周朝开始使用植物染料，从茜草、红花、苏芳等植物中提取。

二、中国红配色色值

朱红 C0 M70 Y100 K0

朱红是红色中稍带黄色的颜色，在古代是正色，很多皇宫建筑都以朱红色装饰宫墙。

大红 C0 M100 Y100 K0

大红也可以叫作“正红”，色彩饱和度很高，在传统文化中被认为是吉祥喜庆的颜色。

桃红 C0 M55 Y19 K0

桃红，顾名思义就是桃花的颜色，显得俏丽而娇艳，古人常用来形容女子“朱唇一点桃花殷”。

洋红 C0 M92 Y0 K0

洋红是一种较深的粉红色，明度较高而显得十分鲜艳，是清代服装的装饰配色。

嫣红 C7 M66 Y36 K0

嫣红是一种明度较高的红色，古代常用“姹紫嫣红”来形容各种花多娇艳美丽的金色。

枣红 C20 M78 Y80 K0

枣红类似成熟红枣子的颜色，古典家具中以红酸枝木制作的家具便为此色，显得既庄重又热烈。

妃色 C7 M79 Y78 K20

妃色是一种淡红色，带有内敛而含蓄的感觉，常常用来形容女孩微微泛红的脸颊。

殷红 C33 M100 Y86 K1

殷红是指发黑的红色，唐代元稹的《莺莺诗》有“殷红浅碧旧衣裳，取次梳头暗淡妆”之句。

绛紫 C53 M84 Y57 K8

绛紫色是紫中略带红，显得沉稳端庄，古代被称“福色”。在清代乾隆晚期的服饰中十分流行。

檀色 C37 M66 Y58 K0

檀色因近似紫檀木的颜色而得名，是一种类似铁锈红的颜色，“檀口香腮”就是用来比喻女子的唇色与腮红之美。

栗色 C0 M60 Y100 K50

栗色类似栗子壳的红棕色，色彩感觉沉稳，适合搭配以黄色为主色的暖色调。

豆沙色 C48 M78 Y66 K10

豆沙色带有类似红小豆的紫色，中国戏曲服饰中常见豆沙色线裹金绣制海水江崖和团龙图案。

豇豆红 C 10 M 80 Y 60 K 0

豇豆红是一种不均匀的粉红色，给人感觉素雅、柔和，常常出现在红釉瓷器的釉色中。

胭脂红 C 39 M 89 Y 24 K 0

胭脂红就是古代女子化妆时使用的胭脂的颜色，许多诗句中常用胭脂来形容美丽的女子。

珊瑚红 C 0 M 64 Y 65 K 0

珊瑚红是一种珊瑚般鲜艳的赤橙色，古时常将红色珊瑚研成粉末作为颜料使用。

石榴红 C 0 M 100 Y 80 K 0

石榴红因类似石榴花的颜色而得名。在唐代，石榴红色的裙子很受年轻女子的青睐。

海棠红 C 17 M 78 Y 45 K 0

海棠红呈淡紫红，显得妩媚而艳丽。钧窑烧制的窑变瓷器中，以海棠红色为珍品。

玫瑰红 C 0 M 90 Y 0 K 0

玫瑰红也称“玫红”，类似红玫瑰盛开时的颜色，为古代女子喜爱的服饰用色和胭脂用色。

三、中国红在现代软装中的应用

在现代设计中，红色已经成为新中式祥瑞色彩的代表，这个颜色对于中国人来说象征着吉祥、喜庆，传达着美好的寓意，并且在新中式空间的应用极为广泛，展现出富丽堂皇的氛围。如果担心无法驾驭大面积红色的铺陈，几件红色单品的搭配呼应，也能让空间变得灵动丰盈。在新中式空间中，红色宜作为点缀色，如桌椅、抱枕、床品、灯具等都可使用不同明度和纯度的红色系。

△ 中国红是中华民族传统文化的底色，惊艳而醇厚，灿烂而极致

△ 红色点缀在空间中，多以对称的形式呈现，这样的陈设方式是有秩序的

△ 在这样一个以琥珀色为背景色的空间中，高饱和度的中国红为空间带来新鲜、热烈的氛围，让这个聚餐空间有了仪式感

△ 中国红搭配深褐色，是中式风格中的经典配色，营造出富有仪式感的氛围

△ 中国红也可作为装饰的点缀色，串联整个空间

△ 新中式空间搭配现代造型的红色餐椅，给人一种高贵感

第二节

青花蓝

一、青花蓝文化符号

青花蓝在中国古代称为青色，本义就是指蓝色。蓝色是理性之色，也是情绪之色。古代文人墨客对蓝色的观察和描写也有不少记录。战国荀子《劝学》中有："青取之于蓝，而胜于蓝"，杜甫在《冬到金华山观》里写"上有蔚蓝天，垂光抱琼台"是冬日里澄净的蓝；韩驹在《夜泊宁陵》里写"茫然不悟身何处，水色天光共蔚蓝"是夜色中静穆的蓝。古代的蓝色服装往往是给平民穿戴的，所以蓝色染料的需求量极大。可用来提取蓝色染料的植物也有多种，都被古人统称为蓝草。

青花蓝从原始祖先对它的敬重、畏惧与崇拜，再到封建宫廷中神圣权力的象征，以及在民间吉祥质朴的象征。历经千年，世代传承。如果中国红是中国的"动"色，则青花蓝是中国的"静"色。一动一静，颇有中国味。青花蓝兼具儒家的温度、道家的洒脱和墨家的勤朴，是素与雅的完美结合，也是中国最有广泛群众基础的颜色。

二 青花蓝配色色值

灰蓝	C 43 M 28 Y 13 K 0	灰蓝呈蓝灰调，色彩显得淡雅不俗，在古代常见于江浙一带所产的青花料所烧制的瓷器中。
水蓝	C 15 M 0 Y 7 K 0	水蓝是一种淡淡的蓝，犹如清澈的湖水叠加出来的颜色，古代女子喜穿水蓝色的裙子。
宝蓝	C 79 M 66 Y 0 K 0	宝蓝为纯净蓝宝石的颜色，显得鲜艳明亮，具有光泽感，是古代王公贵族们的服饰常用色。
藏蓝	C 91 M 96 Y 23 K 0	藏蓝接近黑的深蓝色，是一种内涵丰富而不张扬的色彩，在古代是比较普遍的生活用色。
群青	C 100 M 70 Y 0 K 0	群青是一种色泽鲜艳的蓝色，在中国古建筑彩画中经常与青莲色等颜色搭配并产生渐变过渡。

石青 C 89 M 75 Y 35 K 1

石青是一种很深的蓝色，在古代服饰中常与大红色搭配，两种颜色的明度和饱和度都很高，显得耀眼夺目。

黛蓝 C 82 M 70 Y 50 K 11

黛蓝是一种深蓝而偏黑的颜色，在中国画中此色常被用来表现隔着雾气深色的丛林远山。

靛蓝 C 94 M 71 Y 41 K 3

靛蓝是中国传统植物染料的名称，也叫“靛青”。利用靛青印染织物，是中国民间传统手工工艺。

孔雀蓝 C 70 M 15 Y 19 K 0

孔雀蓝因类似孔雀翎毛的颜色而得名，是蓝色中最神秘的一种，几乎不能确定出准确的色值。

琉璃色 C 97 M 65 Y 0 K 0

琉璃色是指一种带有紫色的蓝色，在元代景德镇所产的一种低温色釉中即有琉璃釉。

三 青花蓝在现代软装中的应用

青花蓝的表达是深邃的，有着不可言说的美丽，无论东西方，青花蓝皆是高贵与时尚的象征。作为中国传统的图案和色彩元素，青花蓝凭借着端庄、典雅、明快的装饰风格和民族色彩而被广泛运用。清新隽永的蓝白青花图案，也一直被视为打造优雅空间气质的最佳典范。

在新中式空间中，经常会搭配一些瓷器作为装饰，如蓝白色的青花瓷，其湛蓝的图案与莹白的胎身相互映衬，典雅而唯美。同时，青花瓷的蓝色又名“皇帝蓝”或“国王蓝”，蓝色寄托于物品之上的运用，使其有着雍容华贵的美。

△ 不同饱和度的蓝色与爱马仕橙形成碰撞，传统元素与时尚气质完美结合

△ 低饱和度的青花蓝与典雅的新中式风格交相辉映，整个空间尽显优雅的美韵

△ 低饱和度的青花蓝与典雅的新中式风格交相辉映，整个空间尽显优雅的美韵

△ 新中式家居中的优雅蓝调，往往不是大面积地渲染而成，而是以点缀色的姿态，牵起东方情怀

△ 空间中的橙色系包裹住青花蓝，青花蓝因此被映衬得更加精致、典雅

△ 靛青又名蓝草、靛蓝，多用于做印染织物，靛青色与自然色系搭配有着民族风情的美感

第三节

琉璃黄

一、琉璃黄文化符号

中国的人文初祖为“黄帝”，华夏文化的发源地为“黄土高原”，中华民族的摇篮为“黄河”，黄色自古以来就和中国传统文化有着不解之缘。在中国古代，黄色有着特殊的意义，它象征着财富和权力，是尊贵和自信的色彩。人们自古以来对黄色有着特别的偏爱，这是因为黄色与黄金同色，被视为吉利、喜庆、丰收、高贵的色彩。

隋朝时，黄色成为皇帝龙袍的颜色，但是并没有禁止其他人穿黄色的衣服。唐代以前，黄色服饰在中国一直都较为流行，普通民众也可穿着。一直到了唐代，黄色变成了皇族的专用色彩，黄袍也成为皇族的专有服饰。到了宋代，封建帝王的皇宫开始采用黄色的琉璃瓦顶，并一直沿袭下来。

黄色本身还具有浓重的宗教气息，从佛教建筑到僧侣服饰以及寺院装饰都会用到。天坛的祈年殿有三重檐，其中中檐便使用象征土地的黄色琉璃瓦。

二 琉璃黄配色色值

鹅黄 C15 M0 Y71 K0

鹅黄类似雏鹅容貌或鹅嘴的黄色，明度较高，略微偏红色，是古代用黄檗煎水支撑的植物染料。

米黄 C5 M20 Y90 K0

米黄类似谷子脱了壳后小米的颜色，古代经常将白色的素绢染成米黄色，用来托裱字画。

橘黄 C0 M60 Y78 K0

橘黄是一种介于深黄和亮橙色之间的颜色，在古代的服饰中偶尔作为配色或在局部少量使用。

明黄 C7 M4 Y77 K0

明黄的色彩纯度很高，没有其他原色成分的参与，在古代，明黄色是皇权的象征。

杏黄 C0 M40 Y82 K0

杏黄因像成熟杏子的颜色而得名，在古代是很高贵的颜色，自隋代以来为皇帝的服色。

栀黄 C0 M25 Y70 K0

栀黄是一种微带红色的黄，提取自栀子果实。与杏黄色类似，古代也曾一度禁用于平民百姓。

蛋黄 C0 M30 Y75 K0

蛋黄是比鹅黄色要重一些的颜色，因像鸡蛋黄的颜色而得名，是一种饱和度很高的黄色。

藤黄 C0 M25 Y90 K0

藤黄也称月黄，是一种较为明亮的黄色，可作绘画用的黄色颜料，多用于中国画和工艺品的装饰。

土黄 C11 M28 Y82 K0

土黄色呈黄褐，是大地和黄土的颜色。这种颜色多见于中国古建筑的苏式彩画中，作为底色大量使用。

枯黄 C7 M50 Y80 K0

枯黄类似秋天干枯而焦黄的落叶颜色而得名，黄橙色中带有褐色，具有安静而沉稳的色彩感觉。

苍黄 C44 M38 Y53 K0

苍黄是黄而发青的颜色，类似深秋时节茂密的竹林，在古代常见于生丝织成的薄纱、薄绸或麻带中。

秋色 C53 M59 Y88 K8

秋黄比一般橄榄棕色稍暗且稍绿，在古代是大众用色，常用在便服上或者作为底色出现。

缃色 C22 M31 Y93 K0

缃色是以黄色为主的浅黄绿色，是黄色系中偏冷的一种颜色，给人以高贵、温和、内敛、稳重的感觉。

赭色 C47 M74 Y83 K0

赭色是赭土制成的颜料，古代女子装扮时曾用点唇，同时也是中国画颜料中的常用色。

驼色 C42 M52 Y64 K0

驼色是一种较为暗淡的浅黄棕色，因类似骆驼皮毛而得名，给人和平、淡定、大气的感觉。

蜜合色 C0 M28 Y42 K0

蜜合色微黄偏白，是古代一种染料颜色，清代李斗《扬州画舫录》中有这样的记载："浅黄白色曰蜜合"。

黄栌色 C2 M52 Y75 K5

黄栌色因像秋天黄栌的树叶而得名，颜色成分中除了明艳的红色之外，还含有大量的黄色。

琥珀色 C20 M60 Y85 K0

琥珀色类似琥珀的颜色，琥珀是由数万年前埋藏于地下的树脂形成的一种化石，多为浅棕色或者棕黄色，属于暖色系。

三、琉璃黄在现代软装中的应用

黄色表达的尊贵之感，虽然鲜亮但不浮夸。黄色和红色一样，运用恰当都能让室内空间充满仪式感。在新中式风格的空间中，通常会使用饱和度较低的淡黄色小件家具、饰品、布艺等元素作为点缀，在显露尊贵之余，更添染几许明媚。

△ 降低明度的黄色运用在极具中国传统山水画韵味的空间中，巧妙衬托出烟雨江南的朦胧美感

△ 鲜亮的黄色体现出尊贵的气韵，同时给房间增添几分活泼感

△ 在一个用色深沉的空间中，加入古时象征身份和地位的红、黄两大色彩组合，将空间内的皇家气质展现到了极致

△ 主体家具和地毯运用黄色展现尊贵感，小面积的颜色运用靛青色，增添了空间的色彩层次感

△ 中式传统文化中，黄色代表着财富与权力，而绿色代表着活力与灵性，两种色彩的搭配带来蓬勃盎然的生机，同时又有内敛的贵气

△ 古人将琉璃黄视作尊贵之色，用来显耀无可比拟的华贵与权威，在现代家居空间中同样具有尊贵和吉祥的寓意

第四节

国槐绿

一、国槐绿文化符号

在古代，“槐”象征三公之位，且“槐”与“魁”音相近。所以古人常以槐指代科考。举子赴考称“踏槐”，考试之月称“槐黄”。槐也被赋予了禄、吉、瑞等文化内涵。国槐的绿，郁郁葱葱，洋溢着蓬勃的生机与自然的风采。古代称忠臣烈士所流之血为“碧血”，所以绿色在当时象征着忠君爱国。

在中国的传统绘画艺术中，经常会在树木、植物或者远山等元素上使用绿色作为配色，以此来展现画面的自然意境。但另一方面，绿色在古代似乎又含着蔑视之意。比如古人以黄为正色，绿色作为黄蓝之间的间色，被称为贱色。自古中国人头上不佩戴绿冠，因为那样表示极大的侮辱。在诸多色彩中，似乎只有绿色受到了这样既尊重又轻视的对立态度。

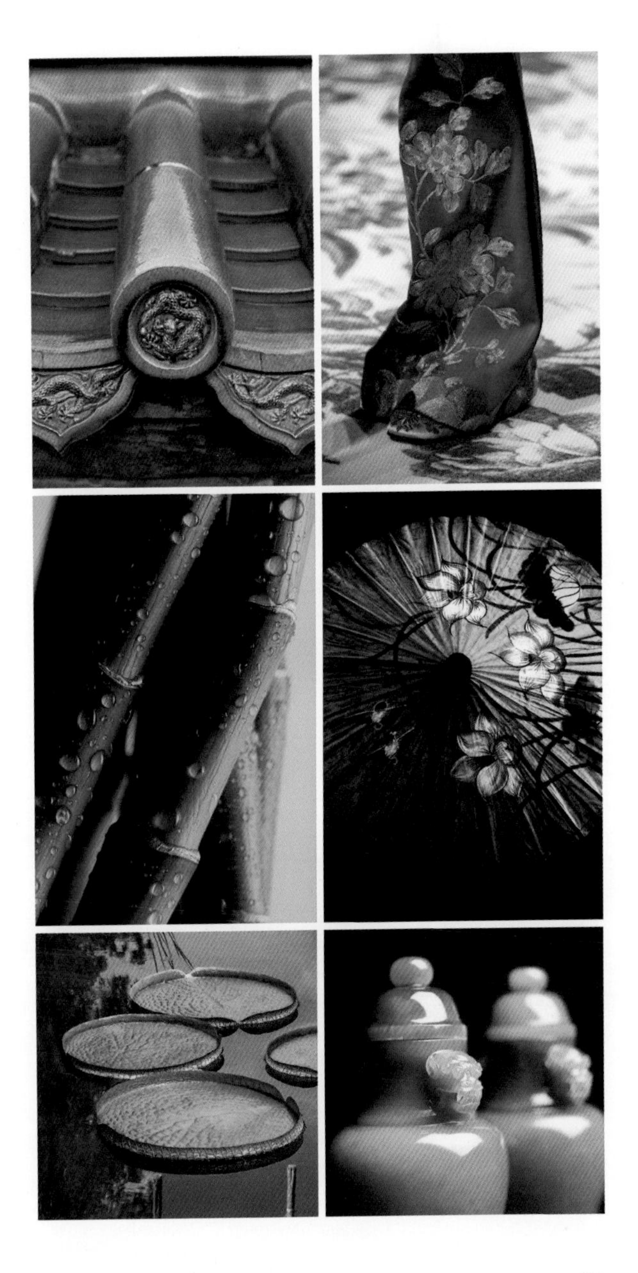

二 国槐绿配色色值

艾绿 C60 M5 Y60 K0

艾绿为类似艾草的颜色，是一种偏苍白的绿，在古代多出现在瓷器和服饰面料中。

豆绿 C46 M1 Y84 K0

豆绿是一种如同青豆一样的颜色，古代服饰面料常用此色，传统青瓷中也有豆青釉品种。

葱绿 C50 M0 Y85 K0

葱绿是一种黄色成分较多的浅绿，比葱黄色多了几分沉稳，古代年轻女子的裙子多用此色。

嫩绿 C50 M0 Y100 K0

嫩绿类似春天刚刚长出的新叶的颜色，唐代诗人李咸用的《披沙集 · 庭竹》一诗中有“嫩绿与老碧，森然庭砌中”。

油绿 C73 M0 Y100 K0

油绿是一种光润、清新而浓厚的绿色，就像雨水刚刚洗刷过，呈现出郁郁葱葱的绿色植物。

柳绿 C56 M24 Y65 K0

柳绿像春天柳叶的颜色，给人以洁净鲜嫩、充满生气的感觉。古人常以“桃红柳绿”来形容春天的到来。

湖绿 C58 M0 Y38 K0

湖绿类似湖水的颜色而得名，是蓝色与绿色互相渗入而成的颜色，这种颜色明朗、清爽而洁净。

青碧 C67 M2 Y47 K0

青碧是古代对一种玉石的称呼，绿中带蓝，给人以清澈纯净之感，在中国画中常用此色表现山色、颜色、天色等。

苍翠 C71 M26 Y64 K0

苍翠是含有青色的绿色，带有浑厚、宁静而平和的感觉，在中国传统水墨画中经常用于树木、植物或者远山等。

竹青 C61 M36 Y70 K0

竹青因类似每年新生的嫩竹颜色而得名。此色是古代服饰中常用的颜色，与白色搭配显得优雅洁净，与黑色搭配则显老练沉稳。

粉绿 C61 M14 Y34 K0

粉绿在古代也称“玉色”，比单纯的绿多了几分黄色和白色的成分。此色在粉彩瓷器中为常见色。

黛绿 C79 M56 Y58 K8

黛绿是一种偏浓的绿色，古代妇女常用黛绿色画眉，故前蜀韦庄《谒金门》词中有“闲抱琵琶寻旧曲，远山眉黛绿”之句。

青翠色 C 80 M 0 Y 100 K 0

青翠色又名“青绿色”“翠色”，此色一般作为中国画颜料，在古代是以主要成分为碳酸铜和水酸化铜的孔雀石研碎制成。

松柏绿 C 80 M 55 Y 79 K 20

松柏绿因类似松柏叶的深绿色而得名，此色显得稳重大方而雅致不俗，给人以勃勃的生机。

孔雀绿 C 85 M 10 Y 45 K 0

孔雀绿因似孔雀尾羽毛翠绿的毛色而得名，这种颜色常常出现在古代丝织品和瓷器的釉色中。

鸭蛋青 [illegible]

鸭蛋青类似鸭蛋外壳的颜色，古代的年轻男性多用此色的面料做服饰，元代青花瓷器的釉色中也常出现鸭蛋青色。

蟹壳青 C 32 M 14 Y 24 K 0

蟹壳青在绿色中带有深灰色成分，五代之后景德镇所产瓷器中，较有代表性的青白釉就是此种颜色。

翡翠色 C 100 M 0 Y 100 K 0

翡翠色指的是像翡翠宝石一般的绿色。古代有一种叫“翡翠”的鸟羽毛颜色非常漂亮，后来就以“翡翠”来命名一种产自缅甸的玉石。

三、国槐绿在现代软装中的应用

将国槐绿运用在新中式空间中，能让整个居住环境显得富有灵性，同时也增添了一抹清新的自然气息。此外，绿色与原木色都是来自大自然的颜色，因此是非常契合的搭配。将这两种颜色作为新中式风格空间的配色，显得清新脱俗、别具一格，与现代忙碌都市人所追求悠然自得、闲适放松的心态相得益彰。

△ 四季常青的竹子象征着顽强的生命，“长寿安宁”在老人房空间的寓意更显重要

△ 颇具灵性的绿色应用在卧室墙面和布艺上素雅而不俗，既是一种内在的优雅，也传达了空间独有的意韵

△ 茶室的背景墙运用大面积的绿色，既有山峦黛色之美，又有书院文静之风

△ 卧室床头背景和床品上的绿色让人联想到青松与美玉，传达新中式的自然之美

△ 墨绿色与金色作为空间的主体色同时出现的时候，散发出的是一种低调高雅的气质

△ 屏风主视点上的青碧色是空间中最点睛的一笔，造型灵动，颜色轻盈，打破了大面积褐色带来的沉闷感

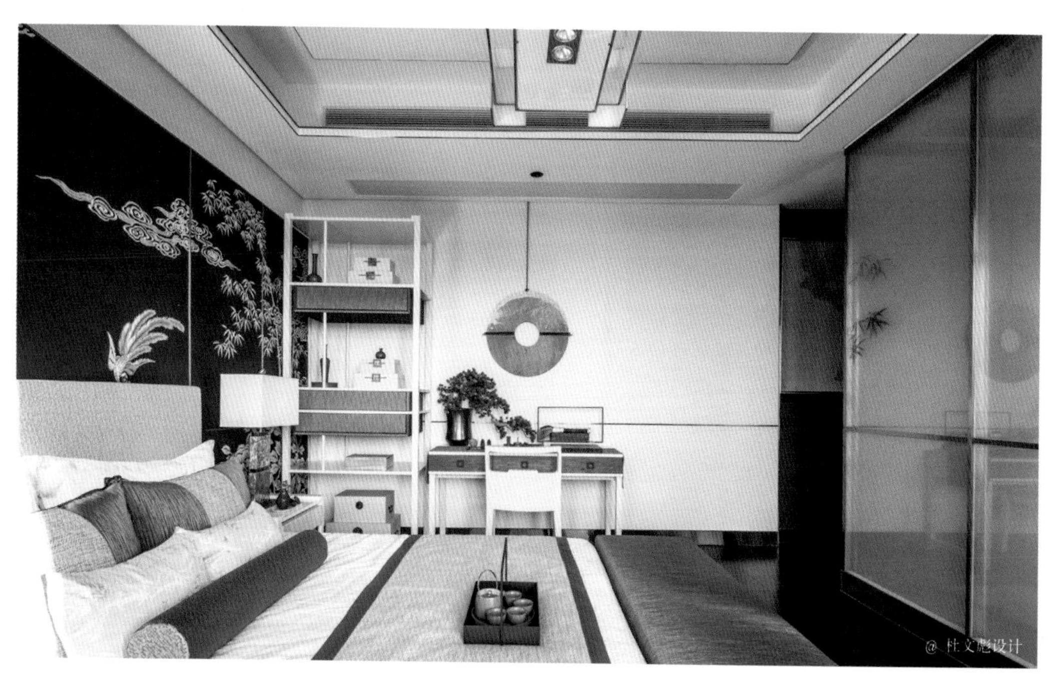

△ 翡翠绿和浅香槟金是新中式风格典型的色彩搭配，翡翠绿天生自带尊贵感，和金色搭配在一起，能给空间带来轻奢时尚的感觉

第五节 富贵紫

一、富贵紫文化符号

在中国传统色彩中，紫色是一种高贵优雅并且吉祥的颜色。春秋战国时期，紫色染料在当时非常难得，据《韩非子》记载，一匹紫色的绢可以换五匹素色的绢，所以不少贵族喜欢借紫色来炫耀自己的财富。南北朝以后，紫袍成为高官的公服，有诗曰“紫袍新秘监，白首旧书生”。到了唐代，人们更是崇尚紫色，甚至规定亲王及三品官员以紫色为常服。

紫色比红色多了几分含蓄，比蓝色多了几分温婉。古代还以紫色云气为祥瑞之气，附会为帝王、圣贤出现的预兆。此外，紫色一度被皇权所用，成为代表权贵的色彩。“紫微星”“紫禁城”“紫气东来”都和富贵、权力有关。

二 富贵紫配色色值

淡紫 C15 M20 Y0 K0

淡紫即很浅淡的紫色，给人以轻柔的感觉。平日所说的“紫气”就是在初升的阳光照射下，轻柔的雾气所呈现出的淡紫色场景。

雪青 C38 M37 Y0 K0

雪青色是紫色中偏冷的部分，由红色和蓝色叠加形成的，雪青缎在古代多用来做服饰或者鞋子。

青莲 C68 M90 Y0 K0

青莲指的是浅紫色。在清代光绪年间很流行此色，从那个时期的建筑彩画和服饰中可见一斑。

黛紫 C76 M82 Y46 K8

黛紫是青黑而偏深紫的颜色，含蓄中带着一丝张扬，古代多为女子服饰面料的用色。

绀紫 C90 M92 Y43 K3

绀紫是一种接近黑里透红的紫色。《论语 · 乡党》中有“君子不以绀緅饰，红紫不以为亵服”。

藕色 C 13 M 27 Y 11 K 0

藕色也叫藕荷色，在浅紫中带有灰色成分，在《扬州画舫录》中有“深紫绿色曰耦合”的描述。

丁香色 C 27 M 41 Y 0 K 0

丁香色因类似紫丁香花的颜色而得名，此色仿佛带着淡淡的芬芳，给人一种淡雅清逸的感觉。

紫草色 C 81 M 87 Y 40 K 0

紫草色是从紫草中提取的一种颜色，暗红带紫，既可作染料，又可作为天然的食用色素。

葡萄色 C 71 M 89 Y 48 K 12

葡萄色近似熟葡萄的深紫色，古代是以苏木深染而成的色料，在明代宣德年间所产的瓷器中就有这种釉色。

三、富贵紫在现代软装中的应用

在现代设计中，紫色是室内空间经常使用到的颜色，薰衣草紫色、淡紫色、紫灰色等都能在新中式风格家居中营造出典雅高贵的氛围，它们让空间在视觉上显得更为灵动。注意用紫色来表现优雅、高贵等印象时，要特别注意纯度的把握，通常低纯度的暗紫色比高纯度的亮紫色更为适合。

△ 紫气祥云的空间主题，营造出蕴含东方文化的意境

△ 带有灰度的紫色，适合在新中式空间中营造一种高级且低调的美感

△ 紫色的点缀让整体偏深色的新中式空间在视觉上出现了一个集中的亮点

△ 富贵紫的床品营造了浓郁的华夏文化氛围，在暗金色的点缀下更显得贵气

△ 将绛紫色用在中式风格的室内空间，带来庄重高贵之感。再加以金色的点缀，更能彰显空间的华贵气质

第六节

玉脂白

一、玉脂白文化符号

白色是一种素色，古代人们把白绢等都称为素绢，如常说的“素衣朱绣”。在元代，白色被视为圣洁、高贵、吉庆的象征。蒙古人在正月里穿白衣服，骑白马，以洁白的哈达表示最高的敬意。白色有很多种，人们通常认为玉器的白色最为高贵美丽。因为中国传统文化崇尚玉色，认为玉是道德与修养的标志，故有“君子无故，玉不离身”之说。由于羊脂玉是玉中的极品，其色纯洁无瑕、温润清透，故而人们认为羊脂白玉的颜色，是白色中最美的色彩。

白不单单是一种颜色，更是一种设计理念，可产生空灵、安静、虚实相生的效果。棋盘上如玉般的白棋子，写意山水画所使用的生宣，手工编织而成的棉麻绢布等中式元素都带着清透浑然的质感。

二 玉脂白配色色值

霜色 C11 M4 Y3 K0

霜色是一种带有冷调的白色，古人认为白露凝结为霜，所以“霜色”一词常为诗人所用。

缥色 C15 M7 Y7 K0

缥色为带有一点微蓝的白色，“缥”原指青白色的丝织品，后指青白色即月白色，是江南染坊的染色之一。

茶白 C7 M1 Y8 K0

茶白是指茶花的白色，让人联想到纯洁，茶是茅草、芦花之类植物所开的白花。

雪白 C8 M0 Y1 K0

雪白指的是像雪一样纯洁的白色，毫无杂色，古时的富家子弟流行用雪白的细绢来做裤子。

粉白 C7 M5 Y6 K0

粉白色如秋天飞扬的苇穗芦花，古人所说的“粉白黛黑”指女人的妆饰流行以白粉敷面，让脸更白；以黛黑画眉，使眉更黑。

铅白 C10 M6 Y3 K5

铅白指铅粉的白色。古代妇女多用铅粉敷面，后来多用“洗尽铅华”来形容一个女子抛开浮华世俗的外表而素面生活。

乳白 C1 M0 Y22 K0

乳白色不像纯白色那般刺眼，在视觉上显得比较柔和，是一种略带淡黄的白色。

缟色 C7 M8 Y15 K0

缟色也称作“本白色”或者“白练色”，略带淡黄，“缟”是指未经炼染的本色精细生坯织物。

鱼肚白 C1 M9 Y9 K0

鱼肚白是一种带有淡淡的青紫色的白，类似鱼腹的颜色。黎明时东方的天空常会呈现鱼肚白色，给人洁净的感觉。

象牙白 C10 M14 Y36 K0

象牙白一般简称“牙白”，在白色中微闪黄色，在古代，象牙色是以芦木煎水薄染而成，瓷器中也有一种釉色称为象牙白。

三、玉脂白在现代软装中的应用

在新中式风格中运用白色，可呈现出自然、素简、闲寂、幽静的空间意象，给人以目无杂色、心无杂念之感，是展现优雅内敛与自在随性格调的最好方式。装饰时可搭配亚麻、自然植物原色等，让整个空间禅风浓浓，并饱含“采菊东篱下，悠然见南山”的诗情画意。

△ 舒缓的意境始终是中式特有的情怀，因此黑白灰常常是成就这种诗意的最好手段

△ 优雅的米白色搭配原木色，营造一种极尽雅致的空间，尽显中式禅意

△ 铅白是带一点灰度的白，将其和原木色搭配在空间中，能形成一种很自然的美感

△ 空间带着写意水墨气质，既有古典文化的内涵，又有现代时尚元素的亮点

△ 大面积白色制造出来的空灵感是其他颜色所不能表达的，蓝紫色作为点缀色，清冷又略带暖意，而且与原木色以及白色形成互补关系，丰富了空间中的用色

△ 空间以大面积的空白为载体，给人留下遐想的余地，强调了艺术意境的营造

第七节

水墨黑

一、水墨黑文化符号

黑色在中国古代也用“玄”字表示，这是一种深蓝近于黑的颜色。《易经》中“天玄而地黄”的意思是指天的颜色是黑的，地的颜色是黄的。《礼记》中记载，夏朝人的丧事在漆黑的夜晚举行，祭祀用黑色的动物，征战骑着黑色战马，服装也以黑色为基调。从很多历史资料的记载中可以发现，秦军中的军旗和军装的颜色都以黑色为主，这不仅仅是由于秦国崇尚黑色，也是因为黑色不仅耐脏，而且有着便于军队隐藏、不易被敌人发现的特点。秦军在取得接二连三的胜利后，秦始皇更加认为黑色是秦国吉祥的象征。在秦国一统中国后，黑色也就成为秦朝的国色。

黑色在色彩系统中属于无彩中性，它可以庄重，可以优雅，甚至比金色更能演绎极致的奢华。中国文化中的尚黑情结，除了受先秦文化的影响，也与中国以水墨画为代表的独特审美情趣有关。与此同时，无论是道还是禅，黑色都具有很强的象征意义，并由此赋予了黑色在中国色彩审美体系中的崇高地位。

二 水墨黑配色色值

墨色 C 85 M 75 Y 70 K 10

墨色指的是墨的色泽，传统水墨画有“墨分五色”之说，这是因用水的不同而有焦、浓、重、淡、清之别。

黛色 C 76 M 61 Y 51 K 6

黛是一种青黑色矿物颜料，是古代妇女最早用来画眉的材料。“黛娥”“粉黛”等词汇常被借用比喻成美女。

玄青 C 82 M 79 Y 57 K 25

玄青是一种发蓝的深黑色，自古以来是道教所崇尚的颜色，道士一般头戴玄青色的道巾。

漆黑 C 89 M 87 Y 76 K 61

漆黑因黑亮如漆器中的黑色而得名，古代漆器的特征主要是采用色彩鲜艳的红黑色搭配，显得大气磅礴。

玄色 C 65 M 90 Y 95 K 50

玄色指赤黑色，即黑中带红。先秦时期的玄色指青色或者蓝绿色调的颜色，汉代以后指黑里带微赤的颜色。

缁色 C69 M78 Y73 K44

缁色是一种黑色中略微带红的颜色。缁色是中国古代宗教服色，给人深刻、庄严、隐忍的感觉。

乌色 C0 M20 Y0 K80

乌色指暗而浅黑的颜色，唐代官吏皆戴一种黑色的乌纱帽，简称“乌纱”。

皂色 C90 M85 Y70 K70

皂色是一种无亮光的黑色，在汉代是尊贵之色。古代以栎实、柞实的壳煮汁，可以染出皂色。

烟煤色 C93 M86 Y88 K85

烟煤色一般指的是黯淡无光的深黑色，在《史记·孔子世家》中有“黯然而黑”之说。

三、水墨黑在现代软装中的应用

将小面积黑色运用在新中式风格空间的细节处，再搭配大面积的留白处理，于平静内敛中流露出高雅的古韵。同时这种配色又和中国画中的水墨丹青相得益彰。比如在新中式空间的吊顶上，以黑色细线条作为装饰，或者在护墙板上加入黑色线条，让整体空间层次更加丰富的同时，又不失古朴素雅的气质。

△ 用水墨画的色彩营造具有东方意境的立体空间，地毯和长凳上的蓝灰色，给空间带来精致感

△ 空间在整体的色彩选择上以庄重的红黑为主，体现中式文化深沉、厚重的底蕴

△ 在床、台灯、装饰画及抱枕等软装细节处点缀黑色，展现出平静内敛的气质与现代高雅的新中式氛围

△ 山水之灵，水墨之韵，新中式空间借由水墨之风的衬托，往往能挥洒出别样的风雅和韵律

△ 空间中的黑色都是半亚光的材质，相比亮光材质，更内敛也更有稳定感

△ 禅意端庄的黑色与富丽堂皇的金色搭配，让房间充满一种神秘高贵感

第八节

长城灰

一、长城灰文化符号

灰色是介于黑和白之间的一系列颜色。提到灰色，人们最先想到的大概就是长城的青灰色调。灰色代表内敛深沉，优雅含蓄，与国人推崇的君子德行如出一辙。它像岩石一般沉静，不显山不露水，却没有人能忽视它的存在。灰色具有柔和、高雅而含蓄的感觉，是万能色，适合搭配任何一种色彩。

二、长城灰配色色值

铅色 C63 M52 Y47 K0

铅色是指像氧化铅一样的灰色，带有青色意味，其感觉像铅一样的沉重。

藕灰 C10 M0 Y0 K50

藕灰是以等量的红、黄色略加蓝色调配而成，其色内敛而低调，在古代是普遍使用的服装面料的颜色。

墨灰 C0 M0 Y0 K75

墨灰就像是加水稀释的墨的颜色，没有什么色彩倾向，给人朴素大方的感觉，是一种很普遍的大众色。

浅灰 C22 M12 Y10 K0

浅灰色即灰白色，清代嘉庆年间很流行穿浅灰色服饰，以显示文人含蓄而高雅的气质。

苍色 C6 M1 Y0 K43

苍色即青灰色，属于深色系的灰色，给人一种雅致细腻，经久耐看的感觉。

银鼠色 C43 M33 Y30 K0

银鼠色因类似银鼠的皮毛而得名。在古代银鼠皮是宫廷朝贡的御用品，很受上流社会崇尚。

三 长城灰在现代软装中的应用

灰色代表的新中式气质，是历经年代愈发敦厚而耐人寻味的稳重情调。灰色的现代感与中式家具的木色相结合，可以中和古典家具给人带来的距离感和中正感，让整体的空间氛围显得更为轻松。再适当搭配一些其他色彩的挂画或软装饰品，能为雅致理性的中式空间带来一丝灵动活泼的视觉动感。灰色不仅可运用在墙面或地面，也可将灰色融入挂画或屏风，例如作为点睛之笔的是灰色系泼墨山水画，无疑是一种文雅至臻的用法。

△ 灰色调空间将现代语言与传统文化得以圆融合一，极简之美的同时又注入了东方韵味的意境

△ 在整齐的黑白灰用色关系中，通过材质的变化丰富了空间的层次，同时也增加了整体空间的品质感

△ 把暖灰色大面积运用在墙面、床上时，空间有一种温润的、仿佛停止流动的、静止的美感

△ 灰色系的空间最能体现新中式谦逊内敛的优雅风度，松柏绿的适度点缀显得高级感十足

△ 将高级灰运用于新中式空间设计中，可以体现充满东方神韵美、富于内涵的感觉

△ 浅灰与黛蓝是能给空间带来清冽感的色彩组合。当这样的色彩组合运用在中式风格的空间中时，能带来另一种高远、深邃的意境和氛围，让人感受到宁静

Design

New Chinese Style

新中式风格

【第四章】

新中式风格软装六大设计元素

第一节

传统祥瑞纹样的新演绎

一、祥瑞纹样的来源

祥瑞纹样作为中式传统文化的重要组成部分，一直贯穿于中国历史发展的整个流程，贯穿于人们生活的始终，反映出不同时期的风俗习惯。从原始社会简单的纹样到奴隶社会简洁、粗犷的青铜器纹饰，再到封建社会精美繁复的花鸟虫鱼、飞禽走兽、吉祥图案纹样，都凝聚着相应时期独特的艺术审美观。中式传统祥瑞纹样的发展脉络分明，每一时期的历史都浓缩在一种文化意蕴厚重的纹样中，从侧面反映了一个时代的特点。

△ 中式传统文化中的象征性纹样与现代线条家具的完美融合

商周	商代崇尚武力，多饰以夸张的人面纹；周代的雷纹是青铜器上最常见的辅助纹饰
春秋战国	流行龙、凤、兽面纹，这些都是中国古代具有象征性意义的纹样
秦汉	装饰纹样题材非常广泛，如表现戆直古劲的人物、动物、车马等纹样
魏晋	佛教的兴盛为中国传统纹样注入了活力，佛教纹样尤其是宝相花纹空前盛行
唐代	中外文化交融，各种纹样都得到广泛运用，国色天香的牡丹则是主流纹样
两宋	花鸟画的盛行使得花鸟虫鱼纹样空前流行，精美作品层出不穷
元代	粗犷的蒙古人为纹样注入别样风情，少数民族文化与汉文化的融合体现得淋漓尽致
明清	中国传统纹样发展的高峰，这一时期讲究凡纹必有意，其意必吉祥

中国的历史源远流长，有一些纹样是从原始的图腾演变而来。比如龙纹。龙作为中国古代传说中的神物和中华民族的图腾，一直被人们所崇拜。由龙延伸出的很多纹样也被人们熟知，比如二龙戏珠纹、团龙纹等。龙纹不仅出现在古代皇帝的衣服上，同时也出现在一些青铜器皿上。凤纹也类似，龙凤呈祥纹，百鸟朝凤纹等也受到人们的喜爱。

自古以来，人们对于花鸟虫鱼就有细致地观察，并提炼成各种纹样。比如常见的花卉纹样。在传统祥瑞纹样中，花卉纹样占了很大一部分，人们所喜爱的牡丹花、莲花、兰花等都被描绘成各种纹样，出现在服饰或者簪钗环佩等饰品上。另外，还有锦鲤纹、灵芝纹、祥云纹等。

还有一些由汉字演变过来的纹样。比如寿字纹、囍字纹等，不仅形象，而且极为美观，都寄托着人们对美好生活的追求和愿望。丰富的祥瑞纹样不仅让中华民族的文化精髓在新中式风格的空间中得到传承，同时也丰富了现代室内设计的装饰元素。

△ 具象化的仙鹤纹样

△ 抽象化的徽派建筑马头墙纹样

△ 花器上的祥瑞纹饰

中国传统的祥瑞纹样按照表现形式可以分为两大类：具象和抽象。传统具象化的吉祥纹饰，集谐音、象形、寓意、典故等为依托，明说暗喻地表现吉颂祥瑞之意；而抽象化的吉祥纹饰则是建立在几何纹样或符号的基础上，来表达其含义，更具总结性和思维性，涵义也更深邃丰富。

二、常见的祥瑞纹样类型

1. 几何纹样

几何纹样是中国历史上出现时间最早、应用最广泛的纹样之一，其历史可以追溯到原始社会时期，其样式有的取之于自然界中的各种形态，如水、火、云等，有的则是对字体的变形和二次创造，这些纹样或单独、或连续地反复排列，形成了东方纹饰的艺术特点。

几何纹样有写实、写意、变形等表现手法，常用于器皿，如早期的陶器、青铜器，到后来的瓷器、珐琅器等。早期的几何纹样较为简单，新石器时代中晚期的纹样的形式结构逐渐复杂，商周时期用来装饰器具的几何纹样已经十分繁复。秦汉之后，几何纹样常作为辅助纹饰出现，是十分常见的装饰纹样。

常见几何纹样类型

锦纹

在陶瓷装饰上的运用始见于唐三彩，常以底纹的形式作为辅助纹饰出现。构图严密、繁复、华贵、雅致，常与绣球、龟背、花卉、云纹、十字等组合构成纹样。

回纹

因纹样形如“回”字而得名，是由陶器和青铜器上的雷纹衍化而来的几何纹样。回纹线条呈方折形卷曲，有的是单体间断排列；有的是一正一反相连成对，也就是俗称的“对对回纹”；还有的呈连续不断的带状等。

席纹

主要用于陶器装饰的原始纹样之一，常见于新石器时代陶器的底部。席纹的印痕通常较深，印纹清晰，呈十字形，经纬互相压叠，排列紧密。

条纹

是一种最简单、最实用的传统装饰纹样。条纹具有简单、朴素的美感，或单独成纹，或与圆点纹、旋涡纹等组成复合纹样，是中国传统文化中最具生命力的纹样之一。

祥云纹

比较常见的传统纹样，是古人用以刻画天上之云的纹样。云纹一般由深到浅或由浅到深自然过渡，也有由里向四周逐渐散开或多种层次深浅变化的。

绳纹

一种比较原始的纹饰，分为粗绳纹和细绳纹两种，有纵、横，斜并有分段、错乱、交叉、平行等多种形式，是古代陶器最常见的纹饰之一。

弦纹

出现于新石器时代，商周时期普遍流行。纹样特征是刻画出单一或若干道平行的线条，排列在器物的颈、肩、腹、胫等部位，是古器物上最简单的传统纹饰。弦纹在青铜器上表现为凸起的横线条。

连珠纹

应用最为广泛的几何纹样之一。由一串彼此相连的圆圈或椭圆组成，呈一字形、圆弧形或S形排列；分为实心圆、空心圆、同心圆等形式。

云雷纹

是指用连续的回旋形线条构成的几何纹样。由柔和回旋的线条组成的是云纹，用方折角回旋的线条组成的是雷纹。这一纹样多出现在商周时期的青铜器上，后世的仿古器皿也常用到这一纹样。

旋涡纹

旋涡纹多以单个旋涡的形式组成纹样。其特征是圆形，呈旋转状弧线，中间有小圆圈，如同水涡。旋涡纹常用于陶器、瓷器、青铜器、铜器、玉器等器物的边饰，象征自然和谐。

△ 回纹在中式传统文化中被称为富贵不断头的纹样

△ 祥云纹寓意祥瑞之云气，祥云绵绵，瑞气滔滔

2. 动物纹样

动物纹样是出现较早的传统中式纹样，在新石器时期的陶器上已经出现有大量的动物纹样，多较为抽象。到了夏商时期，动物纹样就已经成为主要的装饰题材，用于彩陶、青铜器类的造型和表面装饰。西汉时期的动物纹样形象更加丰富，其中包括龙纹、凤纹、狮纹、鱼纹、麒麟纹等。到了汉唐时期，马成为主要的动物纹样题材，这是源于古代国家征战，最重要的就是马匹，因此马也成为唐代画家重要的绘画题材。

动物纹样使用的范围较广，除应用于青铜器之外，服饰、家具、玉器、金银器、绘画、剪纸、瓷器、建筑装饰、雕塑等也常用到动物纹样。

常见动物纹样类型

龙纹

龙一直被视为中华民族的图腾，是中国古代延续时间最长、流传最广、影响最大、种类最多的传统纹样之一。根据不同的形态，龙纹可分为团龙纹、坐龙纹、行龙纹、云龙纹、夔龙纹、双龙戏珠纹等。

凤纹

常与龙纹并用，称为“龙凤呈祥”，象征吉祥美好。早期凤纹有别于鸟纹最主要的特征是有上扬飞舞的羽翼。凤纹从出现开始就被赋予了丰富的文化内涵，作为火和吉祥的象征。

狮纹

是一种常见的传统动物装饰纹样，来源于狮子。唐宋以后，流行以狮纹为表现主体的吉祥纹样，较为常见的包括剑狮纹、狮子滚绣球纹、太师少师纹等。

虎纹

出现历史较早、沿用时间较长的中国传统纹样之一。在商代青铜器上已经使用虎纹，一般使用虎的侧面造型，虎口大张，虎尾上卷，也有双虎纹。

马纹

马在中华民族的文化体系中具有一系列的象征寓意，可以说是除了龙、凤以外最受中华民族崇拜的动物。其中八骏图是中国传统祥瑞纹样之一，被广泛运用于书画、家具、木雕、瓷器、刺绣、玉器等装饰领域。

鹿纹

鹿纹在商代的玉器上就已经开始使用，也是西周前期青铜器较为流行的装饰纹样之一，在春秋战国时期的青铜器、瓦当上也常使用鹿纹。这些纹样中的鹿活在山野间奔跑，或在树下漫步，造型生动、活泼。

鱼纹

传统装饰纹样之一，“鱼”与“余”谐音，寓意富裕、美满。在狭义上指纯粹的鱼纹或以鱼纹为主体的纹饰，广义上包括由鱼纹和其他纹样组合而成的纹饰，如鱼藻纹、鱼鸟纹。

麒麟纹

来源于中国古代神话传说中的瑞兽麒麟，是中国传统祥瑞纹样中应用范围最广、影响最大的吉祥纹样之一。以麒麟纹为表现主题的纹样包括麒麟送子、麟吐玉书等。

蝙蝠纹

由于“蝠”与“福”同音，因此自古以来蝙蝠就被人们当作幸福的象征。蝙蝠纹可单独构成图案，也可与别的事物共同组合成吉祥图案。常见的蝙蝠纹有倒挂蝙蝠、双蝠、四蝠捧福禄寿、五蝠等。

饕餮纹

是青铜器上常见的传统纹样，也称“兽面纹”，盛行于商及西周早期，是一种装饰性很强的纹样，一般作为器物的主要纹饰。最早的饕餮纹出现在距今五千多年的良渚文化玉器中。

△ 狮子是中国传统的吉祥瑞兽，狮子纹样具有镇宅、辟邪、吉利的寓意

△ 麒麟被视为上吉祥瑞之兽，是美德的象征

△ 龙纹是中华民族文化的象征之一，从原始社会至今始终沿用不衰

3. 花鸟昆虫纹样

花鸟昆虫纹样包括花草植物纹和鸟虫纹两大类，也有很大一部分是花鸟混合纹。花鸟纹样是运用最广泛的纹样，几乎涉及了中式传统文化的各个领域。花鸟纹样不仅寓意吉祥，而且历史悠久，早在新石器时代就已出现了鸟兽的雏形纹样，原始时期的图腾观念为花鸟纹样的起源打下了基础。到了唐朝，动物纹样逐渐被花鸟纹样所取代，并且运用得极为娴熟。此时的花鸟纹样特点是以各种花卉为主配以鸟禽，生动地表现了当时社会一片繁华安乐的景象。宋代的花鸟画赢得了全世界的赞誉，代表着中国古代花鸟画的黄金时代。明清时期，花鸟纹样的发展达到了艺术的顶峰，纹样题材丰富，内容灵活多样，把吉祥花草与祥禽瑞兽的纹样巧妙地安排在一起，突出了祈福纳祥的寓意。

中式花鸟纹样集形式美与内在美于一身，纹样中所出现的并蒂莲、连理枝、蝶恋花等元素，象征着幸福美满之意。又如喜鹊纹样和梅花纹样的结合，取谐音代表喜上眉梢的寓意。

常见花鸟昆虫纹样类型

百花纹

百花纹是花卉纹在历史长河中不断发展变化出来的一种纹样，主要盛行于明清时期。形状由多种花卉组成，犹如百花堆聚，故有此名。图案多以牡丹花为主，还包括菊花、茶花、兰花、月季花、荷花、百合花等。

团花纹

是一种四周呈放射状或螺旋状的圆形装饰纹样，有大团花纹和小团花纹之分。团花纹层次多样，仅花就包括桃形莲瓣团花、多裂叶形团花、圆叶形团花等形式，外围一般都会有一些边饰。

柿蒂纹

柿蒂纹形状分为多瓣，每瓣的主体呈椭圆形，较宽，前部尖凸，像蒂一样却略有变化。柿蒂纹起源极早，在古代的陶器、青铜器上已可见到，在汉代的玉剑首上也常有发现。

缠枝纹

又名“转枝纹”“连枝纹”，常以植物的枝干或藤蔓为骨架，向上下、左右延伸，结构连绵不断，寓意吉庆。缠枝纹最早可见于战国时期的漆器上，而作为青花瓷的重要元素则始于元代。

卷草纹

取忍冬、荷花、兰花、牡丹等花草，经处理后作S形波状曲线排列，构成二方连续图案，花草造型多曲卷圆润，通称卷草纹。因盛行于唐代，故又名唐草纹。

梅花纹

梅为“岁寒三友”之一，在中华民族文化中代表高尚的情操。梅开五瓣，有“福、禄、寿、喜、财”五福的寓意。梅花纹在构成纹样时既可以单独构图，也可以与喜鹊、牡丹、爆竹等组合构图。

莲花纹

莲花在佛教文化中被视为圣花，象征圣洁，寓意吉祥，因此成为佛教艺术的主要装饰题材。莲花纹的变化较多，有缠枝莲、把莲等，多出现在瓷器上。

牡丹纹

牡丹自唐代开始受到世人喜爱，在中国传统文化中成为富贵的象征。从唐宋时期开始，牡丹纹便在宫廷和民间广泛流传。牡丹常与寿石、桃花、长春花、水仙、白头鸟、花瓶、孔雀等组成图案，其中最具代表性的是牡丹和凤凰构成的凤戏牡丹图案。

蕉叶纹

是蕉叶纹最早出现在商周时期的青铜器上，唐宋以后扩展到传统工艺的各个领域。蕉叶纹在古代寓意霸业，所以多为官府和富贵之家所用。蕉叶纹运用较多的就是在瓷器领域，其表现技法多为刻花和彩绘。

宝相花纹

宝相花象征富贵、吉祥和圆满。宝相花纹样的构成一般以牡丹、莲花为主题，中间为形状不同、大小有别的其他花叶。其花芯和花瓣基部常用排列规则的圆珠做装饰，加以多层次退晕色，显得富丽、华贵。

鸟纹

以禽鸟为题材的装饰纹样，其代表的寓意根据禽鸟种类的不同而不同，比如白头翁寓意白头到老，喜鹊象征喜庆。鸟纹的运用最早可以追溯到良渚文化时期，当时的玉琮上已经出现了鸟纹。

鹤纹

古人称鹤为“仙鹤”，在中国传统文化中寓意长寿。《淮南子·说林训》记：“鹤寿千岁，以极其游”，用鹤纹蕴涵延年益寿之意。

鸳鸯纹

鸳鸯多成双成对出现，且形影不离，被视为坚贞爱情的象征。鸳鸯纹的图案一般由成双成对的鸳鸯构成，并多配以莲池为饰。常见的鸳鸯纹图案为鸳鸯戏水，极富喜庆之气。

喜鹊纹

喜鹊在中国传统文化中是好运和福气的象征，民间也多以喜鹊比喻喜庆之事。喜鹊与梅组合构成“喜鹊登梅”的图案，与爆竹配合构成“早春报喜”“喜报春光”等图案，寓意春天到来，喜事降临。

蝴蝶纹

中式传统文化中常将双飞的蝴蝶作为自由恋爱的象征，借此表达人们对爱情的向往和追求。蝴蝶纹的构图常以两只蝴蝶或蝴蝶与别的花草、禽鸟组合来构成。

孔雀纹

孔雀纹出现于两宋时期，到了明清时期已经非常盛行。孔雀代表着高贵、美丽，尤其是开屏时艳光四射，异彩纷呈。因此孔雀开屏寓意太平盛世，吉祥如意，是一种深受人们喜爱的传统纹样。

鹦鹉纹

鹦鹉纹起源于商周，盛行于晚唐至北宋时期，寓意为美满的爱情。构图上一般是由一对鹦鹉为主，辅以花枝等纹饰，其表现手法主要是彩绘、刻花等。常见于玉器、瓷器、家具以及文房用品等。

△ 梅能老干发新枝，又能御寒开花，因此古人用以象征不老不衰

△ 鹤在中国传统文化中占着很重要的地位，同时也是益年长寿的象征

△ 恋花的蝴蝶常被用于寓意甜美的爱情和美满的婚姻

△ 牡丹具有吉祥富贵的含义，在很多国画中都会有牡丹盛开的景象

4. 吉祥寓意纹样

指以象征、谐音等的手法，构成具有一定吉祥寓意的装饰纹样。其始于商周，发展于唐宋，鼎盛于明清。在明清时期甚至到了图必有意，意必吉祥的地步。

吉祥纹样一般有三种构成方法：一是以花纹表示，二是以谐音表示，三是以文字来说明。主要用于表达福、禄、寿、喜等寓意。福代表财富，年年丰收；禄是权力、功名的象征；寿有健康延年之意；喜则与婚姻、友情、多子多孙等有关。

常见吉祥寓意纹样类型

万字纹

万字纹即卍字形纹饰，卍字在梵文中意为“吉祥之所集”。万字纹常以四端向外延伸或由多个卍字构成四方连续图案，以此寓意永无止境和万福万寿绵长不断，因此这种图案也被称为“万字锦”。

如意纹

如意用金、玉等制作，是中华民族传统文化中象征祥瑞的物件。如意纹多由如意、瓶、戟、磬、牡丹等其他纹饰一起构成，寓意平安如意、吉庆如意和如意富贵等。

开光纹

开光纹就是以线条在器物的显著部位勾勒出方形、圆形、菱形、扇面形、云头形、花卉形等样式的栏框，再在框内填上不同的图案，从而突出主题纹饰。

宝杵纹

图案原型是来源自藏传佛教的法器——金刚杵，属于宗教吉祥纹，主要用于玉器、瓷器、佛像、宗教壁画、寺院建筑等领域。从元代开始已经运用到瓷器装饰上，到明代成化时期的官窑所产的瓷器上更是有大量宝杵纹。

璎珞纹

璎珞是一种用丝线将珠玉编串成多层次的装饰物品。璎珞纹即是将璎珞形象用于塑像或其他器物的装饰纹样，主要用于宗教领域，也有散见于铜镜、家具上的。

八卦纹

八卦纹属于典型的宗教纹饰，常用在铜镜和瓷器装饰上。铜镜上的八卦纹最早出现于魏晋时期，盛行于唐、五代和宋，而瓷器上的八卦纹则始于元代，盛行于明清时期。

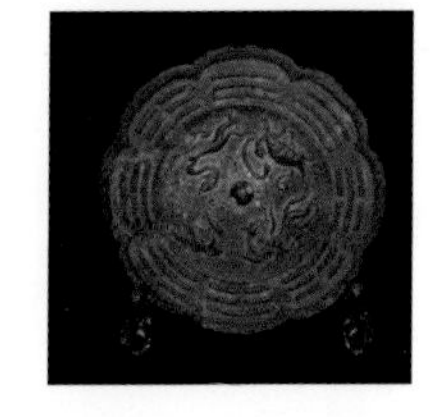

岁寒三友

主要以松、竹、梅为主题，有时也以梅、竹、石或柏、竹子、梅组成纹样，具有浓厚的文化意味，主要运用在瓷器、服饰、家具、折扇、文房用具、书画、雕刻等领域。

三阳开泰

源于《易经》的一种传统装饰纹样，寓意万象更新、心想事成。三阳开泰纹样流行于明清时期，多出现在剪纸、瓷器、版画、年画、刺绣、民间建筑装饰等领域。

福禄寿禧

并不是指单一的一种纹饰，而是由福、禄、寿、禧四种纹样单独或组合而成的一类纹样的统称。福禄寿禧纹是多福多寿、吉祥寓意的象征。除了福、禄、寿、禧这四个单独的主题外，还包括福禄寿三星、福禄双全、福寿双全、福增贵子等组合主题。

玉堂富贵

玉堂富贵的构图由玉兰花、海棠和牡丹组成。玉兰花中的“玉”、海棠中的“棠”与“玉堂”同音；牡丹花是富贵的象征，就组成了玉堂富贵吉祥纹。玉堂富贵常出现在画家的笔下、建筑装饰彩画以及瓷器上。

△ 如意纹具有事事如意的好兆头

△ 绣于官服的江崖海水纹，传递着平步青云的期盼，也象征着山河永固、民族永兴的吉祥寓意

△ 岁寒三友中的竹子四季常青，象征着顽强的生命，同时也有刚直不阿、高风亮节等寓意

△ 经过简化的万字纹窗格，寓意吉祥如意，红红火火

5. 人物纹样

人物纹样是以人的形象作为主题装饰的一类纹饰，是中国传统纹样中不可或缺的组成部分。人物纹样的发展与人类社会的进步有着千丝万缕的联系，从审美意识和宗教意识诞生开始，人们便将人的形象用于各种器物的装饰。

在原始社会时期，由于审美观念的局限性，所采用的纹样多为抽象的线条，并且伴随着原始的宗教观念，常有人首兽身、人面鸟身等形象。随着时代的进步，简单线条的人物纹样开始向复杂人体图转化。到了唐宋时期，人物纹样的形象越来越具体生动，明清则是人物纹样运用的顶峰时期。

常见任务人物类型

飞天纹

飞天纹具有浓厚的宗教意味，开始主要用于宗教雕塑和壁画的装饰，后来更广泛地延伸到玉器、铜镜、建筑装饰等领域。最具代表性的飞天纹描绘于甘肃敦煌石窟的壁画上。

仕女纹

是以中国古代女性为题材的一种传统装饰纹样。魏晋南北朝时期的仕女纹多出现在绘画、雕刻和壁画等领域，发展到明清时期，仕女形象也逐渐变得婀娜多姿，应用更为广泛。

婴戏纹

婴戏纹主要描绘儿童游戏、玩耍的场景。图案除了婴戏花、婴戏球、婴戏鸭、婴戏鹿之外，还有荡船、骑竹马、钓鱼、放爆竹、抽陀螺、蹴鞠等，其中以婴戏花图案居多。

八仙纹

来源于中国民间八仙过海的传说，是一种典型的宗教纹样，以八仙为题材。八仙纹是中国民间祝寿常用的主题，其纹样由八位神仙为王母祝寿构成，称“八仙祝寿”，此外还有“八仙过海”“八仙捧寿”等内容。

人面纹

是新石器时代仰韶文化早期和中期彩陶及商周青铜文化时期的特色装饰纹样，常有彩绘、刻画等表现手法，表现比较写实的人面形象。

高士纹

高士纹以文人雅士的生活作为题材。在中国古代流传最广的高士图要数“四爱图”，即王羲之爱鹅、爱兰，陶渊明爱菊，周敦颐爱莲，林和靖爱鹤。此外，还有一些携琴访友、山涧行吟等表现隐士生活的主题纹样。

农耕图

农耕图是一种反映农民生活、耕作场景的纹样，主要被运用与壁画、绘画、家具雕刻、瓷器、玉器以及丝织品等领域。农耕图常见的内容有牧牛、耕作、摆渡、狩猎、捕鱼、挑担、售物等，再现了中国古代农民真实的生活境况。

渔樵耕读

渔樵耕读分别指捕鱼的渔夫、砍柴的樵夫、耕田的农夫和读书的书生，是古代封建社会最主要的四种职业。渔樵耕读纹样盛行于明清时期，通常由这四种职业的人组成，也有的是用四个大字表示。

五子夺魁

五子夺魁图案通常为一个童子手持头盔，身边四个童子争抢头盔，“盔”“魁”谐音，夺盔者即象征高中状元之意，表达长辈望子成龙的厚望。常用于瓷器、家具木雕、装饰壁画、刺绣等领域。

竹林七贤

是以魏晋时期“竹林七贤”的活动场景为主题的一种装饰纹样，寓意文人墨客遗世独立、品行高洁。竹林七贤图案常用于瓷器、绘画、木雕、家具等领域，明清时期的景德镇窑瓷器便常以此为主题纹饰。

三、新中式空间的祥瑞纹样应用

1. 纹样应用要点

祥瑞纹样作为中国传统文化的重要组成部分，已成为认知民族精神和民族旨趣的标志之一。虽然新中式风格空间的装饰设计在不断追求创新，但是丰富多彩、寓意深刻的传统吉祥纹样仍然被其所承袭。新中式纹样是利用传统的中国元素，结合现代的构图、色彩和表现手法，体现中式韵味的同时又避免给人刻板、古老的印象。新中式纹样的创作手法十分灵活，有时不一定非要出现传统纹样，可能只是体现一种禅意的抽象肌理、水墨泼洒等意境。

在新中式空间中，几何纹样的应用十分广泛，比如在墙面线条、地面波打线、布艺图案等设计中都可见到。新中式花鸟纹样一般运用在墙面装饰上居多，如花鸟纹样的墙纸、硬包等。同时在表现手法和题材选择上都有突破性的变化，不仅更加丰富多元，而且显得现代时尚。

长枝花鸟图案主要应用于墙纸和靠枕等布艺中。长枝花鸟的表现手法类似于传统的中国工笔画，但笔触较为轻松、并且使用粉彩或油彩等赋色方式，横向构图，图案连绵不断不留白。相比传统的中国绘画艺术而言，其构图更自由，色彩也不再局限于传统的色系。

△ 以现代手法和构图创作的传统祥瑞纹样

△ 水墨泼就的纹样结合拴马桩石雕，表现出淡雅古风的意境

△ 墙面与地面相呼应的几何纹样

动物纹样的造型，既写实又夸张，而且注重气势和张力。有些动物纹样只在早期的青铜器上较为常见，后世却很少使用。另外一些动物纹样则随着时间的外展，外形发生了一些变化，如龙纹。新中式风格的动物纹样与传统动物纹样大体一致，但在线条上会做一定的简化处理，纹样的色彩搭配以淡雅为主。

古代没有相机，对于重大的事件，常以绘画的方式来记录，这也是宫廷画师的重要工作之一。但毕竟人物画古韵比较浓郁，所以在新中式风格中，人物纹样一般作为点缀装饰为主，比如唐画屏风，仕女图抱枕等，出现一两处即可。

△ 中式花鸟图案仿佛从墙面呼之欲出

△ 喜上眉梢的床头壁画，寓意深远，又充满东方古典的意会内涵之美

△ 墙面上的纹样以写实的手法描述古代社会的生活场景

△ 经过简化处理的新中式动物纹样取“仙鹤”之意，换为“凤凰”之形

2. 纹样应用类型

2.1 水墨山水纹样

水墨画体现了中式传统文化的精髓，展现出中华民族独有的文化特色和艺术高度，而水墨画里最具代表性的当属水墨泼就的山水画。除了单纯的水墨山水，略施薄彩也会起到不一样的效果。当山峦被赋予色彩之后，整体氛围会更贴近自然。

△ 水墨山水纹样

2.2 梅兰竹菊纹样

梅兰竹菊被历代文人歌颂与描绘：梅一身傲骨，兰孤芳自赏，竹潇洒一生，菊凌霜自放，被称为画中四君子。把梅兰竹菊作为空间装饰的题材，不仅是颜值所致，更是寓意高贵，其中又以梅和竹的题材应用更加广泛。

△ 梅兰竹菊纹样

2.3 花鸟虫鱼纹样

花鸟画历来都是经久不衰的绘画题材，自然风物，美好而鲜活，深得人们喜爱。中国风的花鸟画，也有自己独特的审美和画法，常见的有喜上眉梢、花开富贵等题材，应用在新中式空间的装饰上，寓意美好与富贵。

△ 花鸟虫鱼纹样

2.4 抽象墨迹纹样

以水墨为笔触，描绘出的抽象墨迹，色彩或浓或淡，深浅过渡自然，如云如雾如炊烟，灵动飘逸，淡泊悠远，非常符合现代人的审美。“看庭前花开花落，看天上云卷云舒”，这份悠然与闲适，正是久居都市的人所追求的。

△ 抽象墨迹纹样

2.5 白墙黛瓦纹样

中式建筑极具特色，尤其是江南水乡的建筑，白墙黛瓦交叠在一起，黑白分明，犹如一幅水墨画。在如今钢筋水泥构筑的高楼大厦中，以江南水乡建筑为装饰题材的纹样，就如同墨笔在白纸之中渲染，沿袭了宋代极简之风，更彰显了现代人的隽永审美。

△ 白墙黛瓦纹样

第二节

新中式风格常用装饰材质

古典中式风格的装饰材料源于大自然，如石材、木材等。现代保留的中式建筑等都是木材搭建而成的，是朴实无华的象征。相对于传统中式风格来说，新中式风格在室内装饰中所使用到的材料更为多元化，在使用石材、木材、丝纱织物等同时，还会使用各种现代材料，如大理石、玻璃、金属、树脂等都是在新中式空间中所常见到的。新型材料的使用凸显了新中式风格的时代特征，也丰富了空间的艺术表现形式。使新中式空间既凸显浓重的东方气质，又具有灵活的现代艺术气息。

△ 简单生动的砖雕具有精美的质感，使空间更加富有表现力

△ 新中式风格空间使用的材质丰富多元，玻璃、大理石以及金属等材质出现频率较高

△ 把中国山水画中的泼墨技艺应用在玻璃上，把现代材料与中式元素有机结合

一、木材

木材是新中式空间使用最普遍的材料，天然木材不但触感温暖，更散发出原木香气。既能满足现代人追求简单生活的居住要求，又体现了中式家居追求内敛、质朴、自然的生活方式。

1. 木格栅

新中式空间的隔断讲究隔而不断、曲径通幽。温润质地的木格栅作为隔断，让空间充溢着古朴自然的气息。相对于传统的屏风而言，木格栅更具通透效果，在光与影的变幻交错间，让中式禅意的韵味缓缓涌现。不过木格栅的形式应尽量选择有规律，不花哨的款式为好，太过于夸张的造型反而会破坏那份宁静。

△ 木格栅制造出若隐若现的光影效果，使空间视觉更具延展性，还散发出亦古亦今的层次之美

2. 窗棂

中式窗棂的图案姿态万千，如六角景、菱花、书条、绦环、套方、冰裂、鱼鳞、钱纹、球纹、秋叶、海棠、葵花、如意、波纹等，各种各样的吉祥图案尽显其中。窗棂的造型除方形之外，还有圆形、椭圆形、木瓜形、花形、扇形、瓢形、重松盖形、多角形、壶形等。而且窗中之棂也有无数变化，其中以万字形系、多角形系、花形系、冰纹系、文字系、雕刻系等最多。从设计形式上，中式窗棂大致分为六类。

△ 木格栅实现空间处处有景，移步换景的独特效果

板棂窗 即花格窗，由窗框和竖向排列的棂条组成，中有横棂，或两条或三条。窗背糊纸，不可开启。

隔扇 即落地长窗，也称格子门。图案多样，既有窗的功能，也有门的作用，至今仍在采用。

屏风 轻巧典丽，移动方便，精雕细刻，成为新中式空间中的精美摆设之品。

槛窗 也称半窗。上半部和隔扇一样，有格心和绦环板；下半部去掉裙板，是砖砌的短墙，也有的是木质的板壁。

支隔窗 多见于北方建筑，分上下两层，皆可上下开启，如北京四合院的“井字格”支隔窗。

遮羞窗 以装饰性窗棂来遮挡路人视线，窗上图案精美，古朴雅致。

△ 中式窗棂的图案丰富多样，具有很强的装饰性

△ 落地长窗兼具门和窗的功能，在苏州园林中较为常见

3. 木线条

原木色的木线条比石膏线条更适合运用在新中式空间，可以更好地诠释新中式风格的禅意美学。此外，新中式空间的木线条摒弃了传统中式的复杂造型，整体看上去更加注重留白。

如果想在新中式空间的顶面设计多层吊顶，可以利用木线条作为收边，并在顶面设置灯槽暗藏灯光装饰，在视觉上加强顶面空间的层次感。如果吊顶的面积较大，可以在吊顶中央的平顶部位安装木线条，不仅有良好的装饰效果，而且能避免因大面积的空白而带来的空洞感。

△ 木线条走边的设计形式是新中式风格吊顶常见的设计手法

二、硬包

硬包是指把基层的木工板或高密度纤维板制成所需的造型，再用布艺进行包裹的墙面装饰材料。新中式空间的墙面一般会选择布艺或者无纺布硬包，不仅可以增添居住空间的舒适感，同时在视觉上柔和度也更强一些。

刺绣是中国传统的民间手工艺，其历史十分悠久。中国传统刺绣按地域不同，可划分为苏绣、湘绣、蜀绣和粤绣四大门类，被称为“中国四大名绣”。刺绣的针法丰富多彩，各有特色，常见的有齐针、套针、扎针、长短针、打子针、平金、戳沙等。近年来，随着人们对传统文化的重视程度越来越高，刺绣在室内设计中也被更加频繁和广泛地运用。比如将精美的刺绣硬包装饰到墙面上，让室内空间彰显出细腻雅致的文化气息。刺绣硬包在通俗意义上是指利用现代科技和加工工艺，将刺绣工艺结合到硬包产品中，使之成为硬包面料的层面装饰。

皮雕硬包在新中式空间的运用也是现代家居装饰背景下的全新演绎。皮雕硬包是以旋转刻刀及印花工具，利用皮革的延展性，在上面运用刻划 、敲击、推拉、挤压等手法，制作出各种表情、深浅、远近等感觉。或是在平面山水画上点缀以装饰图案的形状，使图案纹样在皮革表层呈现出浮雕式的效果，其工艺手法与竹雕、木雕等类似。

硬包跟软包的区别就是里面填充材料的厚度，硬包的填充物较少，在墙面上的立体感会更强。采用硬包作为墙面装饰时，要考虑到相邻材质间的收口问题。常见的硬包材质主要有真皮、海绵、绒布等，其中绒布材质因其具有清洁方便、价格低、易更换等优点，因此使用较为广泛。

△ 皮雕硬包

△ 花鸟图案刺绣硬包

△ 选择中性色硬包应注意与床品的色彩呼应

三、大理石

大理石是地壳中经过质变形成的石灰岩，其主要成分以碳酸钙为主，具有使用寿命长、不磁化、不变形、硬度高等优点，因早期我国云南大理地区的大理石质量最好，其名字也因此而来。天然大理石具有独特的自然纹理与天然美感，并且表面很光亮，而人造大理石表面虽然也比较光滑，但一般达不到像天然大理石一样光亮照人的程度。

在新中式空间中经常可以看到大理石的应用，略带高冷格调的大理石有助于提升整个空间的品位。大理石多应用在地面和墙面，在公共区域的地面通铺大理石瓷砖，可赋予空间大气之感；用作背景墙时，大理石的天然纹理让人产生无限的联想。

△ 大理石表面的泼墨画面给人以丰富、自由的想象空间和回味无穷的艺术感受

△ 天然大理石的纹理奇特，视觉上层峦叠嶂，云气氤氲，山云之间极具动感

自古以来文人雅客无不于山水之间吟诗作画，而山水大理石则是大自然的杰作，每一张板材都是独一无二的，极具收藏与观赏价值。山水画大理石是新中式空间中很具东方韵味的一种石材，其特点石面变化较大，纹路随机连贯艺术感强：时而高山、时而流云，仿佛一幅幅唯美的画卷。

四 金属

金属装饰材料分为黑色金属和有色金属两大类，黑色金属包括铁艺、不锈钢等，有色金属包括铝及其合金、铜及其合金、金、银等。

随着轻奢风的流行，金属线条在新中式空间出现的频率很高。在硬装中，金属线条多应用在吊顶、墙面装饰等，将金属线条镶嵌墙面上，不仅能衬托空间中强烈的空间层次感，在视觉上同样营造出极强的艺术张力，同时还可以突出墙面的线条感，增加立体效果。在软装中，金属线条小到装饰品，大到柜体定制都可以应用。

△ 深色木饰面上镶嵌玫瑰金线条，使得墙面背景更显品质感

五 手绘墙纸

手绘墙纸是指绘制在各类不同材质上的绘画墙纸，也可以理解为绘制在墙纸、墙布、金银箔等各类软材质的大幅装饰画。

△ 金属线条造型运用中式对称的设计手法，并与吊灯的材质形成呼应

手绘墙纸是新中式风格空间最常用的装饰材料之一，将其运用在客厅沙发背景墙、卧室床头墙以及玄关区域的墙面，能够完美地将传统文化融入家居空间中。在绘画内容上，除了水墨山水、亭台楼阁等图案之外，还可选择花鸟图案的手绘墙纸，其绘画题材以鸟类、花卉等元素为主。直立生长的树枝、竞相开放的鲜花以及惟妙惟肖的小鸟，构成一幅极为生动的画面。

目前市场上的手绘墙纸多以中国传统工笔、水墨画技法为主，它的制作需要多名具有极其扎实绘画基本功的手绘工艺美术师，经过选材、染色、上矾、装裱、绘画等数十道工序打造而成。所以手绘墙纸虽然装饰效果不错，但是价格相对较贵。

△ 手绘墙纸的画面逼真，远观有呼之欲出的感觉

第三节

新中式风格家具式样搭配

一、新中式家具特征

传统中式家具与古代建筑一样有着强烈的古典特质，其中以明清家具为代表。明式家具的质朴典雅，清式家具的精雕细琢，都包含了中国人的哲学思想，处世之道。新中式风格的家具在工艺上以现代人的居住需求出发，将传统中式家具的复杂结构进行精简，不仅满足了现代人的生活习惯，而且加入考究精致的细节处理，让其更显美观。此外，新中式家具虽有传统元素的神韵，却不是一味照搬。例如传统文化中的象征性元素：中国结、山水字画、如意纹、花鸟纹、瑞兽纹、祥云纹等，常常出现在新中式家具中。

△ 明式家具质朴典雅、简素大方，同时又不失功能的适用

△ 清式家具选材考究，注重精雕细琢，宛如一件艺术品

△ 现代材质的家具上增加玉佩、流苏等中国元素

在造型设计上，新中式家具以现代的手法诠释了中式家具的美感，注重线条的装饰，摒弃了传统家具较为复杂的雕刻纹样，并且形式比较活泼，用色更为大胆明朗，多以线条简练的仿明式家具为主。

此外，传统的中式家具布局讲究对称，新中式家具的陈设布局则更加灵活随意，用现代手法演绎中式韵味，在对称均衡中寻找变化。

△ 新中式家具善于运用现代的材质及工艺，去演绎中国传统文化中的精髓

△ 新中式风格家具摒弃了传统中式家具的繁复雕花和纹路，以现代的手法诠释了中式的美感

△ 新中式家具在设计形式上简化了许多，常通过运用简单的几何形状来表现物体

常见的新中式家具分为两类：一类是改良传统家具造型，包括床架、桌脚椅等都简化为直线造型，无太多复杂的雕花，有些则保留有典型的回龙纹、拐纹等少量装饰，作为一种特征装饰。还有一类是使用传统家具式样但改变材质及色彩，例如用不锈钢材质制作或将家具漆成鲜艳的彩色，此类家具既有传统印象又有当代艺术趣味。

二、新中式家具材质类型

新中式家具所使用的材料不仅仅局限于实木，如玻璃、不锈钢、树脂、UV 材料、金属等也常被使用。现代材料的使用丰富了新中式家具的时代特征，增强了中式家具的艺术表现形式，使新中式元素具有新时代的气息。

1. 实木家具

实木家具表面一般都能看到木材真正的纹理，偶有树结的板面也体现出清新自然的气质。传统意义上的中式家具一般以硬木材质为主，尤其是明清时期的家具，其材质多为稀有的木材，更显金贵。其中小叶紫檀、海南黄花梨、大红酸枝三种木材更是被誉为“明清三大贡木”，每一种木材背后都有其悠远的历史和深厚的文化底蕴。

实木家具不仅能让新中式风格的空间散发典雅而清新的魅力，而且以其细致精巧的做工，再加上岁月流逝的感觉，能让传统的古典韵味在空间中得以传承。由于部分木材非常珍贵，在为新中式空间搭配家具时，可以采用其他的实木材质作为替代，比如常用的榆木、榉木、橡木、水曲柳等。此外，还可以加入现代材质及工艺，使其不仅拥有典雅端庄的中式气息，而且还具有现代时尚感。

△ 新中式空间中常用几案作为过道的端景装饰，在几面上还可以摆设陶瓷、花瓶等器物

△ 中式实木家具具有厚重的历史感，于质朴中流露出贵气

△ 造型简洁的实木家具流露出典雅端庄的中式气息，同时具有明显的现代感

2. 金属家具

金属家具是以金属材料为架构，配以布艺、人造板、木材、玻璃、石材等制造而成，也有完全由金属材料制作的铁艺家具。

20 世纪初从西方国家兴起的金属家具热潮，将中式家具的设计带入到了全新的世界。金属家具能让新中式风格的空间显得更加动感活泼，也能制造出大气时尚的空间品质。还可以将金属与实木材质相结合，在展现金属硬朗质感的同时，还能将木材的自然风貌以更为个性的方式呈现出来，并让其成为家居空间中的视觉焦点。

此外，金属材质配合中式家具的古典制式，也是常用的家具设计手法，比如镜面不锈钢圈椅、铜拉丝官帽椅等。通过古典与现代的碰撞，时尚与文化的融合，将中式家具文化的精髓，以全新的方式进行演绎。

△ 树根造型金属茶几

△ 树根造型金属茶几

3. 陶瓷家具

陶瓷是中华民族文化的重要组成部分。在新中式风格的空间中搭配陶瓷家具，不仅能传承中式传统文化，而且还能让室内空间显得更加精致美观。例如陶瓷鼓凳极富灵性和神韵，与新中式家居环境非常合拍。

另外，陶瓷、大理石等还常作为家具的装饰面，与木质结构同时出现在一件家具中，比如花鸟题材的陶瓷芯板、陶瓷桌面等。为朴素的木质家具添加一丝清新雅致的气质，同时也体现了新中式的特点。

△ 青花瓷鼓凳

第四节

新中式风格灯具应用

一、新中式灯具特征

新中式灯具基本源于中国传统灯具的造型，并在传统灯具的基础上，注入现代元素的表达，呈现出古典时尚的美感。比如传统灯具中的宫灯、河灯、孔明灯等都是新中式灯具的演变基础。除了能够满足基本的照明需求外，还可以将其作为空间装饰的点睛之笔。相对于传统的中式灯具来说，新中式灯具的线条简洁大方，而且在造型上更加偏向现代。

△ 宫灯

△ 河灯

△ 孔明灯

△ 西汉海昏侯墓出土的雁鱼灯

宫灯是中国彩灯中富有特色的传统灯具，其整体结构主要以细木为骨架，再镶以绢纱和玻璃作为饰面。由于宫灯在古代一般是为王公贵族所用，因此不仅需要具备照明功能，而且还要配上精细复杂的装饰和图案，以显示帝王的富贵和奢华。宫灯上常见的装饰图案内容多为龙凤呈祥、福寿延年、吉祥如意等富有中式特色的图案。

西汉海昏侯墓曾出土了一盏特别的雁鱼灯，工艺精湛，造型别致，而且还能避免空气污染。这些造型精美、设计精巧的灯具，浓缩了中国古人智慧的结晶。并且对后世传统灯具的发展及现代中式灯具的设计，都有着至关重要的作用。

新中式灯具分为立灯、坐灯、壁灯、吊灯等形式，在装饰细节上注入传统的中式元素，为室内空间带来古典美感。例如形如灯笼的落地灯、带花格灯罩的壁灯、陶瓷灯等，都是打造新中式风格的理想灯具。

△ 自然材质的灯饰除了环保之外，应用在新中式空间中可给人一种放松感和宁静感

△ 新中式风格的宫灯延续了古代的样式，悬挂于挑高空间典雅清新，又具有复古意味

△ 新中式灯具采用山峦造型，既具照明功能，也是悬在头顶上方的风景

△ 新中式灯具通常会在装饰细节上注入传统的中式元素，为空间带来古典美感

二、新中式灯具材质类型

新中式灯具沿用古典文化理念与东方艺术观，整体造型简洁、典雅。灯具材料以铁艺、铜艺、陶瓷为主，搭配玻璃罩、亚克力罩、布艺罩等。造型上多以对称形式进行设计，充分体现中式装饰艺术所蕴含的平衡美。

1. 陶瓷灯

陶瓷灯是采用陶瓷材质制作成的灯具。陶瓷相比较金属、塑料以及玻璃等材料，其热稳定性更好，即使长时间使用也不会因为温度过高而变形或产生异味。

最早的陶瓷灯是指宫廷里面用于蜡烛灯火的罩子，近代发展成落空瓷器底座。陶瓷灯的灯罩上面往往绘以美丽的花纹图案，装饰性极强。因为其他款式的灯具做工比较复杂，不能使用陶瓷，所以常见的陶瓷灯以台灯居多。新中式陶瓷灯的灯座上往往带有手绘的花鸟图案，装饰性强并且寓意吉祥，如同一件艺术品般增添空间的气质。

△ 中式空间中常见的陶瓷灯以台灯居多，做工精细，质感温润，仿佛一件艺术品

2. 布艺灯

布艺灯由麻纱或葛麻织物作灯面制作而成，是富有中国传统特色的灯具。布艺灯的造型多为圆形或椭圆形。其中红纱灯也称红庆灯，通体大红色，在灯的上部和下部分别贴有金色的云纹作为装饰，底部则配金色的穗边和流苏，整体美观大方，喜庆吉祥。

随着时代的发展以及历代灯具工匠的努力，新中式风格中所运用的布艺灯，在材质的选择上更加广泛，如绢丝、蚕丝、麻纱、刺绣等，而且制造工艺的水平也越来越高。

△ 蚕丝灯既保证了新中式空间光线的通透性，又十分柔和，并且纹理清晰

3. 金属灯

中式传统讲究平和中正的观念，因此，中式风格的金属灯具往往也会延续两两对称、四平八稳的设计，再搭配金属材质的质感，展示出沉稳厚实的气质。新中式的金属灯具继承了传统灯具的精髓与内涵，以简约的直线作为灯具的主体，舍去华而不实的雕刻外形，展现出更加简约、时尚的气质，并且更加符合现代人的审美观念。

常见的新中式风格金属灯具主要以铁艺、全铜为主作为框架，有些会用锌合金材质，部分灯具还会加上玻璃、陶瓷、云石、大理石等等，这些材质的使用也都是为了凸显新中式灯具的奢华与高雅。如铁艺八头吊灯、黄铜六头吊灯、黄铜单头吊灯等自带复古和轻奢质感，与新中式风格具有的贵气相得益彰。此外，铁艺材质的鸟笼灯是将鸟笼原本的功能加以创新变化，制作成灯具，是十分经典的新中式元素。

△ 多盏鸟笼灯给中式空间增添鸟语花香的氛围

△ 多盏鸟笼灯给中式空间增添鸟语花香的氛围

△ 新中式风格的金属灯饰继承了传统灯饰的精髓与内涵，以简约的直线作为灯具的主体

△ 中式传统纹样在金属灯具中的应用

第五节 新中式风格布艺织物搭配

一、新中式布艺织物特征

新中式风格的布艺往往从传统服饰中获取灵感，再利用现代工艺以及简约的设计理念，完美诠释新中式风格的开放与包容。绛红、朱红、玄黑、金黄、檀紫、赭色、宝石蓝、翡翠绿等较为浓郁的色彩是最易体现传统中式意境的。在新中式空间中，布艺搭配上更喜欢采用橙红、玫红、桃红、米色、亮蓝、荷绿等较为轻盈亮丽的色彩。

新中式风格的布艺分为两类，一类具有传统韵味，但并不直接采用传统图案和配色，而是用新中式的图案及较为现代感的配色。另一类减去繁琐的装饰，重视细节的点缀。

△ 黑白水墨纹样的布艺秉承云淡风轻的气质，自有一番悠然意境

△ 相比较传统中式风格，新中式风格的布艺色彩搭配更为丰富灵活

△ 新中式风格的布艺多用一些象征性的传统纹样，表达祈盼吉祥的美好愿望

传统中式布艺常常搭配以丰富的流苏、盘扣及吊坠装饰，虽然此类装饰带有浓浓的中式韵味，但过多地使用容易显得繁琐，过于传统。新中式风格的布艺对于这些经典元素的应用往往点到为止，不过分夸大，更多地将此类装饰藏于细节中。例如传统中式的抱枕使用带有中式纹样的绸缎之外，还会加上流苏边等装饰，而新中式风格的抱枕可能只在抱枕中央加上一个造型别致的玉佩。

△ 偏禅意的新中式风格适合搭配棉麻材质的素色窗帘

△ 具有光泽质感的绸缎类面料

二、新中式布艺材质类型

新中式风格可打造出雅奢、淡雅、禅意、质朴等不同的空间气质，所以在布艺材质的搭配上也各不相同。目前新中式空间常见两类布艺材质：一类是具有光泽质感的绸缎类面料。使用丝绸是中国样式的特色，丝、绢、锦缎、绸等光滑质地的纺织品常被用于中式空间。与古典中式相比，新中式风格选用光泽度较弱的绸缎类，此类材质一般用在卧室床品、窗帘及装饰抱枕上，以素色或带有暗纹的面料结合拼布、打褶、绣花等装饰工艺。

另一类是具有哑光质感的棉麻类面料。棉麻、平绒等材质的哑光类材料，多数用于家具软包面料、沙发面料、墙面软包面料等较大面积使用面料的位置，色调方面偏向中性色及清雅的浅色系。如果采用红、紫等色彩，也常常会降低色彩明度来达到低调的效果。

△ 具有哑光质感的棉麻类面料

三、新中式布艺搭配类型

1. 窗帘

新中式风格的窗帘多为对称的设计，窗幔设计简洁而寓意深厚，比如按照回纹的图形结构来进行平铺幔的剪裁。在材质的选择上，一般以绸、缎、棉麻混纺等面料为主，偏古典的中式风格窗帘还可以选择仿丝材质，既可以拥有真丝的质感、光泽和垂坠感，还能让空间显得更为典雅。

新中式风格的窗帘色彩需要根据整体空间的色彩方向进行定位，常用的色彩或是典雅谦和的中性色系。如用大地色系来表达雅致和内涵；或是黑白灰无彩色中融入少许流行色来突出当下的时尚感。纹样少用古典纹样，多用充满现代感的回纹、海浪纹等局部点缀，以突出民族文化特征。

△ 加入中国传统特色纹样点缀的窗帘，自然流露出中式特有的古典意韵

△ 偏禅意的新中式风格适合搭配棉麻材质的素色窗帘

2. 床品

相比欧式风格追求饱满、厚重、装饰感强烈的特点，新中式风格更讲究清雅爽朗的气韵。新中式床品不像欧式床品那样使用流苏、荷叶边、蕾丝等丰富装饰，款式设计简洁大方，常用低纯度高明度的色彩作为基础，如米色、灰色等。在靠枕、抱枕的搭配上融入少许流行色，结合传统纹样的运用。花鸟图案是新中式床品最常用的一种纹样，因其清丽雅致而又富含美好寓意，将这种温和美好的元素运用在床品上能博得大多数人的喜爱。

△ 床品色彩与窗帘形成巧妙呼应，和谐的同时呈现出丰富的层次感

3. 地毯

传统中式风格的地毯纹饰相对繁琐，如带有狮纹、蝙蝠纹、如意云纹等图案的地毯可以突显出中式家居的富贵之气。新中式风格地毯的图案常用抽象形态，有些似行云流水的水墨，也似山崖凿壁的肌理。素色也是一个很不错的选择。带有中式纹样的羊毛地毯能让空间看起来丰富饱满，又能强调风格特征；而麻编的素色地毯更能体现清新雅致的意蕴。

△ 选择带有中式祥瑞纹样的地毯作为空间装饰，把传统文化与现代设计进行巧妙结合

第六节

新中式风格软装饰品搭配

对于新中式风格来说，软装饰品通常是家居空间中作为寄托祝福或托物言志的载体，因此，其搭配的装饰效果有着非常重要的意义。新中式风格富有庄重雅致的东方精神，在饰品的搭配上不仅延续了这种手法，而且有着极具内涵的精巧感。在摆放位置上，常选择对称或并列的形式，或者按大小摆放出层次感，以营造和谐统一的格调。

在新中式空间中，利用混搭手法搭配饰品，可以增加室内环境的灵动感。如在搭配传统中式风格饰品的同时，适当增添现代风格或其他富有民族神韵的饰品，能够让新中式空间增加文化对比，从而使人文气息显得更加浓厚。

此外，由于新中式空间讲究层次感，因此在选择组合型挂件的时候应注意各个单品的大小选择与间隔比例，并在结构上进行适当的设计，以留白的形式为新中式空间制造出空灵而深远的意境。

△ 新中式过道端景的饰品常用三角形构图法的摆设，具有安定、均衡但不失灵活的特点

△ 利用混搭手法搭配饰品，让传统文化与现代文化在碰撞中交织相融

△ 对称陈设饰品是新中式空间最为常见的设计形式，在视觉上给人以和谐的美感

一 花艺

中式传统文化中将花枝在容器上的立足点称为“地道”，在空间的伸展方向称为“天道”，花艺即是“天道”与“地道”的相互结合。

新中式风格的花艺摆脱了传统符号化的堆砌，并呈现出东方绘画中的韵律美，由于结合了现代风格的设计，因此也满足了现代人的审美需求。在设计时注重意境，追求绘画式的构图虚幻、线条飘逸。摆设时搭配其他中式传统韵味的饰品居多，如茶器、文房用具等。

花材一般选择枝干修长、叶片飘逸、花小色淡的种类为主，如松、竹、梅、柳枝、牡丹、茶花、桂花、芭蕉、迎春等，创造富有中华文化意境的花艺环境。

花器多造型简洁，采用中式元素和现代工艺相结合。除了青花瓷、彩绘陶瓷花器之外，粗陶花器也是对于新中式最好地表达，粗犷中带着细致，以粗之名其实是更好地强调了回归本源的特性。

△ 中式花艺构图讲究线条美之外，花器的色彩也应与周围环境相协调

△ 中式插花注重保持花材自然的形态美和色彩美感

△ 粗陶花器给新中式空间带来禅意侘寂之美

△ 中式花艺的最大特点是利用花枝、花材多变的姿态来创造美感

新中式花器类型

瓶

“瓶”在传统文化中寓意平安、吉祥，所以深受人们喜爱。瓶花多具崇高感与庄严性，善于表现花材的线条美。瓶器的选择十分重要，例如枝干坚硬的花材往往配合使用瓶颈较短的类型。

盘

盘花源于汉代，后与供花相结合。盘的形状以圆、椭圆为主，代表圆满、团圆的涵义。盘花的特点是盘器较浅，但器面广，作为插花器皿，一般选择陶盘或是瓷盘为宜。

碗

碗花盛于宋、明两代。因碗口部虽广阔但两侧壁斜，底部圈足小。如果花材过多，造型体量过大，易产生头重脚轻的不稳定感。碗花在中式插花中属于中小型作品，在家居空间中，可以放置于茶几、书房。

缸

缸形矮胖，腹部硕大，是介乎瓶与盘之间的花器。适宜花头大且上重下轻如牡丹、菊、绣球、或聚成块体的花材使用，与枝条结合，产生对比之美。插花时可留出三分之一内壁及水面空间，以避免整体的繁杂感。

筒

筒花的特色是筒以竹制作而成，竹为文人最爱，竹筒更是文人花重要的花器。传统筒花的构图不拘形式，可用各类枝条优美、花色淡雅的名花、名草，充分展现花材优雅的自然风姿。

篮

篮花源自唐代佛教供花的花器，宋、元两代的宫廷官员常用篮花插作隆盛型的院体花，自古至今都被广泛应用。花篮的篮身、篮沿、提梁是篮花的重要构成要素，整体看来高疏隐逸，颇富清雅之美。

二、瓷器饰品

瓷器在中国古代就已是重要的软装元素，其装饰性不言而喻。摆上几件瓷器饰品可以给新中式风格的家居环境增添几分古典韵味，将中华文化的风韵洋溢于整个空间，例如将军罐、陶瓷台灯等都是新中式风格软装的重要组成部分。陶瓷挂盘是极富中式特色的手工艺品，寥寥几笔就带出浓浓中国风，简单大气又不失现代感。此外，寓意吉祥的动物如狮子、貔貅、小鸟以及骏马等造型的瓷器摆件也是软装布置中的点睛之笔。

△ 青花瓷、粉彩等传统造型瓷器陶器摆件在中式风格中必不可少

△ 水墨之韵结合朴素无华而蕴含独特的瓷器艺术，渲染出一种和谐之美

△ 陶瓷挂盘是新中式风格墙面常见的装饰元素，表现层次感的同时也富有意境

青花瓷是我国的主流瓷器品种之一，于唐代初见端倪，经过宋元明清的沉淀发展，成为中式传统文化的一部分。青花瓷作为经典的中式元素，搭配时只需对其稍加运用，便可以赋予空间更多的内涵。此外，也可以用青花瓷作为墙面装饰，如果在其他位置加以青花纹样的呼应，装饰效果更佳。

△ 利用瓷器设计的装置艺术创意独特，展现出古朴典雅的气质

△ 红色的瓷器被称为红釉瓷，也叫中国红，是典型的中式装饰元素之一

△ 将绘画中的泼墨技法应用在瓷器釉面上，是在传承传统基础上着意创新

△ 色彩灵感来源于川剧脸谱的瓷器摆件，成为新中式空间中的点睛之笔

三 园艺饰品

1. 盆景

盆景艺术发展与传承源远流长，按照地域分别发展出了不同的流派，并各具特色。盆景艺术讲究师法自然，技法精湛，使自然美和艺术美得到和谐统一。盆景一般由建筑、山水、花木等共同组成的，讲究有诗情画意，其中的山石往往与水并置，所谓“叠山理水”，就是要构成“虽由人作，宛自天开”的情境。

在软装设计中，植物盆景常采用仿真的形式出现，有效地避免了由于气候不适宜和打理维护不善等原因造成的植物干枯破败等问题。

△ 松柏盆景

△ 仿真形式盆景

△ 枯山水盆景

2. 观赏奇石

说起观赏奇石就不得不提到太湖石，太湖石又名窟窿石，是由石灰岩遭到长时间的侵蚀后慢慢形成的。形状各异，姿态万千，通灵剔透的太湖石，最能体现皱、漏、瘦、透的美感，其色泽以白石为多，少有黑石和黄石。

太湖石是中国古代著名的四大玩石、奇石之一，常见于苏州园林和古代的画作中。五代时开始有人赏玩，唐代时已特别盛行，到宋代达到高峰。宋代杜绾在其著作《云林石谱》中详细记载了太湖石并分析了其产地特点，由此可见太湖石在中国历史文化长河中的地位。在软装设计中可以用太湖石的工艺品摆件来点缀空间，增加古朴优雅的文人气质。

3. 植物

植物在室内的应用同样非常重要，因为没有植物的空间就没有生机，绿色会给人带来生气活力的感受。在众多植物中，古代文人最为喜爱的植物题材通常有四君子、岁寒三友以及莲花等，而竹子则是最为常见的一种。宋代大诗人苏东坡曾言“宁可食无肉，不可居无竹”。而竹子的栽种方式同样可以灵活多样化，并且易于成活，颇具文人气质。

△ 奇形怪状的太湖石犹如一尊尊介于具象与抽象之间的雕塑，似像非像，天然成趣

△ 竹子植物元素与中国人内敛含蓄的气质相契合，自古以来就受到历代文人墨客的喜爱和推崇

4. 建筑微景观

建筑微景观在室内的应用可以让空间衍生出灵魂，能与观赏者形成心灵的对话。常见的有木质的亭、台、楼、阁，或者具有建筑形状的工艺品灯具等。在室内空间中应用建筑元素，同样也是风格的延续以及人文的诠释。比如徽派的马头墙在室内异质化表现下会给人带来不一样的感官感受。当然在设计手法上最好还是以抽象化为主，因为太具象化的设计会限制人的想象。

△ 歇山顶造型摆件

△ 木质古建模型摆件

四 吉祥寓意饰品

荷叶、金鱼、牡丹等具有吉祥寓意的挂件是装饰新中式空间墙面的绝佳选择。此外，鸟笼摆件也是新中式空间经常出现的装饰元素，其金属质感和光泽在呈现中式韵味的同时，也为室内环境带来了现代时尚的气息。

除了常见的装饰摆件外，案头的文房四宝、表现文人雅趣的古书以及中式乐器等，都是体现古典文化内涵的不二选择。将香具摆件运用到新中式空间中，可让中国的传统文人气质，浑然天成地融合在居住环境里。折扇是最具东方色彩的物件，兼具艺术性与实用性。既可纳凉扇风，也能作为装饰摆件以供观赏。还可以在折扇上作画题字，为空间增加儒雅气质。折扇开合自如，开之则用，合之则藏，有进退自如，逍遥自在的寓意，这也与新中式空间的美学理念相得益彰。

△ 狮子造型摆件

△ 荷叶、金鱼、牡丹等具有吉祥寓意的工艺品会经常作为新中式空间的装饰元素

△ 仙鹤造型艺术摆件

△ 根雕摆件

△ 文房四宝摆件

△ 骏马造型摆件

△ 折扇摆件

△ 金属鸟笼摆件

五 装饰画

绘画艺术是中式传统文化的重要组成部分，不仅历史十分悠久，而且风格鲜明，在世界美术界自成一家。以心观景是中式绘画艺术中极为突出的一个特点。其绘画风格不拘泥于物体外表的形似，而是“以形写神”的手法，追求深远的绘画意境。

新中式风格的装饰画在保有中国传统绘画灵魂的同时，利用现代技术及艺术表现形式大胆创新，而且还加入了一些西方的绘画元素。但万变不离其宗，所选题材均以中式传统元素为主。比如花鸟元素就是新中式风格常常用到的绘画题材。花鸟画不仅可以将中式的美感展现得淋漓尽致，而且整体空间也因其变得色彩丰富。

在新中式空间中，搭配以梅兰竹菊为题材的装饰画，能让中国古典哲学思想在家居设计中得到传承。梅兰竹菊是中式风格中最为经典的装饰元素之一。梅高洁傲岸、兰幽雅空灵、竹虚心有节、菊冷艳清贞。古往今来，无数的文人雅士都以不同形式赞美“梅、兰、竹、菊”四君子。

△ 山水题材装饰画

△ 适当留白的装饰画渲染出唯美诗意的意境

△ 手绘上色 + 直钉艺术装饰画

六、餐桌摆饰

新中式空间在餐桌摆饰上追求清雅端庄的搭配效果，因此在餐具的选择上要大气内敛，不能过于浮夸。在餐扣或餐垫的装饰设计上，可选择一些带有中式韵味的吉祥纹样，不仅美观，而且还能起到传承中国传统美学精神的作用。一些质感厚重粗糙的餐具，可以使就餐意境变得大不一样，古朴而自然，清新而稳重。

新中式风格的餐桌装饰物不宜过多，以插花或者盆景作为餐桌的中心装饰是最佳选择。此外，新中式餐桌上常用带流苏的玉佩作为餐盘装饰。

△ 加入金色元素的餐盘装饰增加轻奢感

△ 粗陶餐具营造古朴自然的就餐意境

△ 以花艺作为餐桌的中心装饰物

△ 用带流苏的玉佩作为餐盘装饰

新中式风格

Design

New Chinese Style

【第五章】

新中式风格软装设计实例解析

第一节

新中式风格软装搭配单品推荐

一、茶几区软装单品

大理石铁艺摆件（大、小号一组）
约 **300** 元 / 组

大理石花瓶（中号）
约 **220** 元 / 个

仿玉雕石狮一对
约 **320** 元 / 组

纯铜香薰炉
约 **100** 元 / 个

玉色敞口陶艺花瓶
约 **200** 元 / 个

唐马全铜摆件
约 **800** 元 / 个

汝窑茶具
约 **180** 元 / 套

仿玉雕摆件
约 **500** 元 / 个

复古做旧方形花瓶

约 **260** 元 / 个

汝窑茶具

约 **160** 元 / 套

仿古醒狮陶瓷摆件

约 **180** 元 / 对

电镀古铜色小口花瓶（中号）

约 **260** 元 / 个

仿真珊瑚摆件

约 **160** 元 / 个

镀金咖啡杯套装

约 **50** 元 / 套

汝窑茶具

约 **160** 元 / 套

仿真盆景摆件

约 **260** 元 / 个

仿古建筑木质摆件

约 **120** 元 / 个

双耳雕花陶艺花瓶

约 **300** 元 / 个

仿真绿草莓树枝干枝

约 **200** 元 / 束

汝窑茶具

约 **160** 元 / 套

仿古铜香薰手炉

约 **280** 元 / 个

玉色陶瓷花瓶（大号）

约 **260** 元 / 个

骏马造型镀金摆件

约 **500** 元 / 个

仿真珊瑚摆件（小号）

约 **120** 元 / 个

圆柱形大理石花瓶（中号）
约 **220** 元 / 个

带盖收纳罐（中号）
约 **200** 元 / 个

青石石狮一对
约 **300** 元 / 组

垂钓造型树脂摆件
约 **300** 元 / 个

古铜色门环木质摆件
约 **400** 元 / 个

玉色陶瓷花瓶（中号）
约 **200** 元 / 个

玉色陶瓷收纳罐
约 **100** 元 / 个

大理石花瓶（大号）
约 **280** 元 / 个

唐马全铜摆件
约 **800** 元 / 个

仿真枫叶插花
约 **200** 元 / 组

浮雕陶艺花瓶
约 **300** 元 / 个

仿玉雕石狮一对
约 **320** 元 / 组

仿古建筑木质摆件
约 **120** 元 / 个

仿玉雕石狮一对
约 **320** 元 / 组

鸟笼音乐盒
约 **200** 元 / 个

仿玉雕石狮一对
约 **320** 元 / 组

电镀古铜色花瓶（大号）
约 **300** 元 / 个

汝窑茶具
约 **160** 元 / 套

二 端景区软装单品

北欧风玻璃花瓶（大号）
约 **50** 元 / 个

红色实木金属扣收纳盒(2个一套)
约 **180** 元 / 套

竹简摆件
约 **50** 元 / 卷

仿古三层食盒摆件
约 **260** 元 / 个

电镀复古色竹节造型花瓶（中号）
约 **260** 元 / 个

金属细框抽象挂画（1m×1.2m）
约 **380** 元 / 幅

北欧风白色陶瓷花瓶（大号）
约 **200** 元 / 个

蓝色玻璃收纳盒（2 个一套）
约 **180** 元 / 套

@ 伊派设计

仿真浆果绿植
约 **18** 元 / 支

白色小口陶瓷花瓶（大号）
约 **200** 元 / 个

大理石小口花瓶（小号）
约 **180** 元 / 个

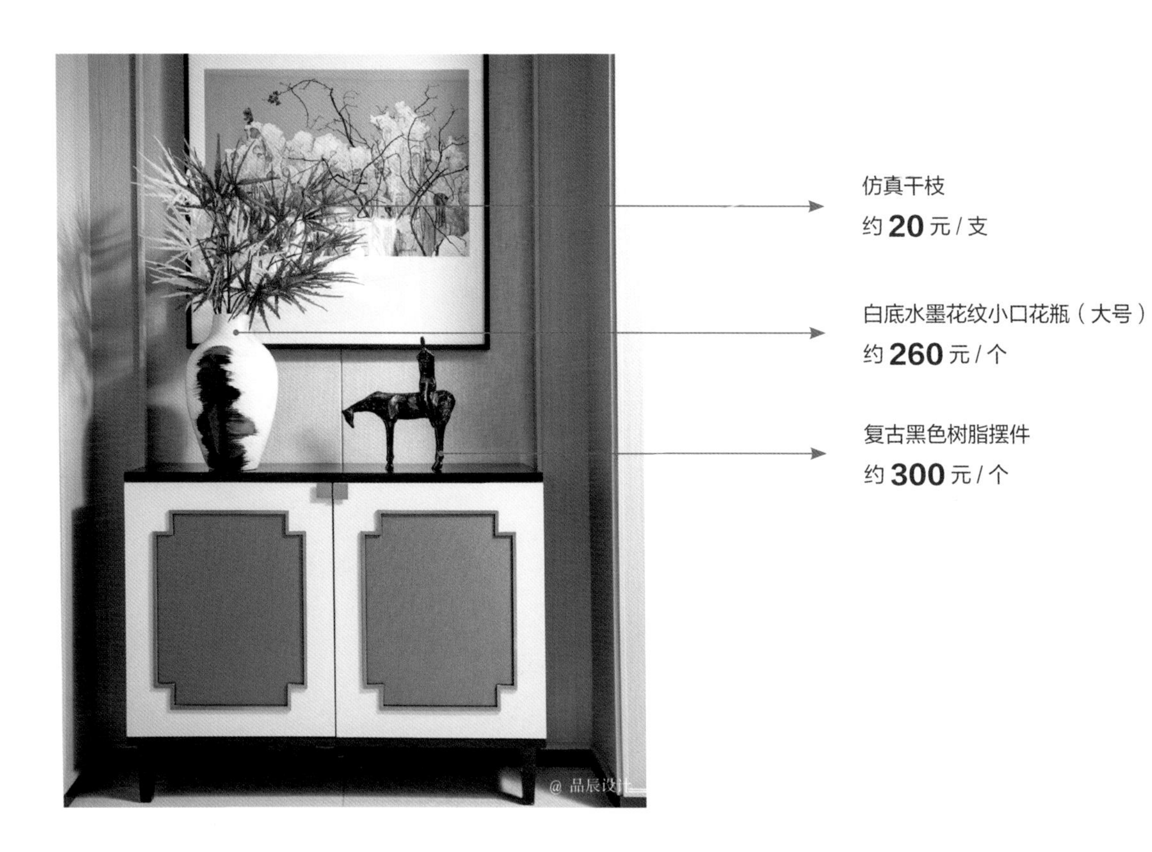
仿真干枝
约 20 元 / 支
白底水墨花纹小口花瓶（大号）
约 260 元 / 个
复古黑色树脂摆件
约 300 元 / 个
@ 品辰设计

仿真冬青树枝
约 20 元 / 支
大理石造型花瓶（大、小号）
约 600 元 / 对
黑色抽象造型树脂摆件
约 160 元 / 个
@ 乐尚设计

复古抽象造型银色树脂摆件（大、小号）
约 **300** 元 / 对

黑色创意造型陶瓷花瓶（大、小号）
约 **480** 元 / 对

龟壳造型牛骨摆件
约 **300** 元 / 个

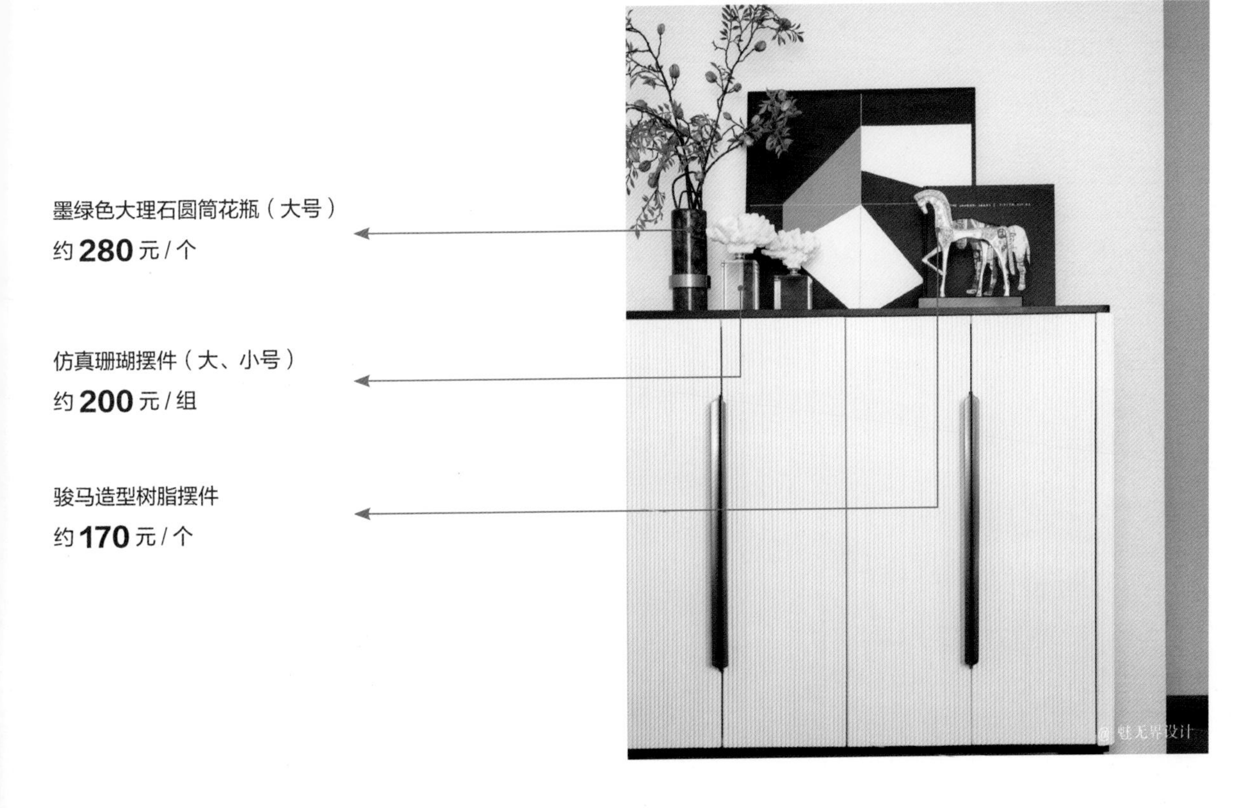

墨绿色大理石圆筒花瓶（大号）
约 **280** 元 / 个

仿真珊瑚摆件（大、小号）
约 **200** 元 / 组

骏马造型树脂摆件
约 **170** 元 / 个

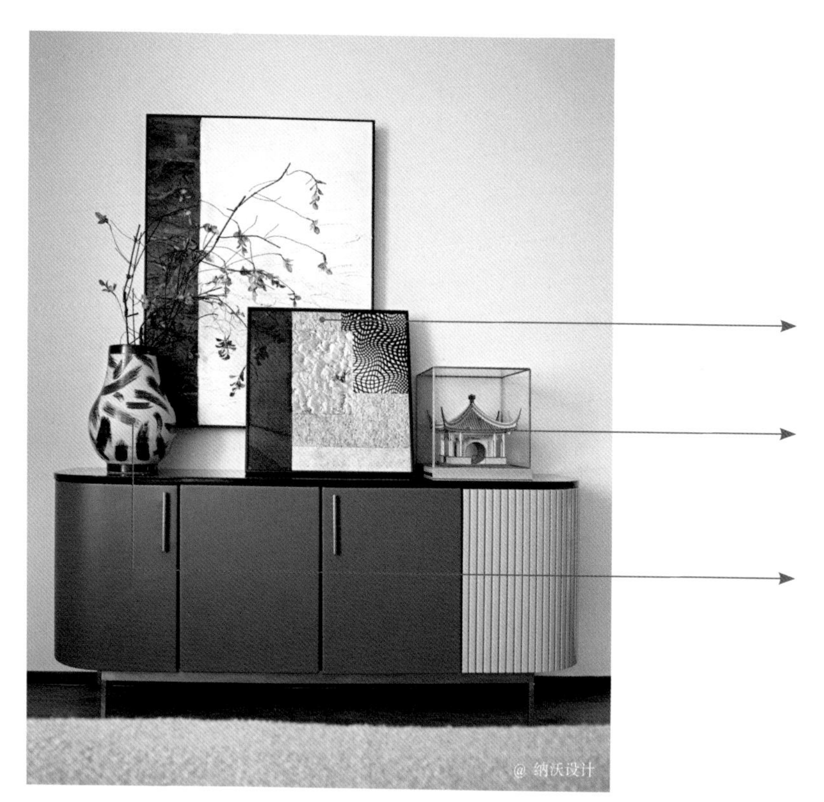

金属细框抽象挂画（60cm×60cm）
约 **180** 元 / 幅

仿古建筑树脂摆件
约 **500** 元 / 个

白色彩釉陶瓷花瓶（大号）
约 **200** 元 / 个

装饰卷轴
约 **20** 元 / 个

新中式创意毛笔架
约 **380** 元 / 个

彩釉陶瓷花瓶（大号）
约 **200** 元 / 个

三 柜架区软装单品

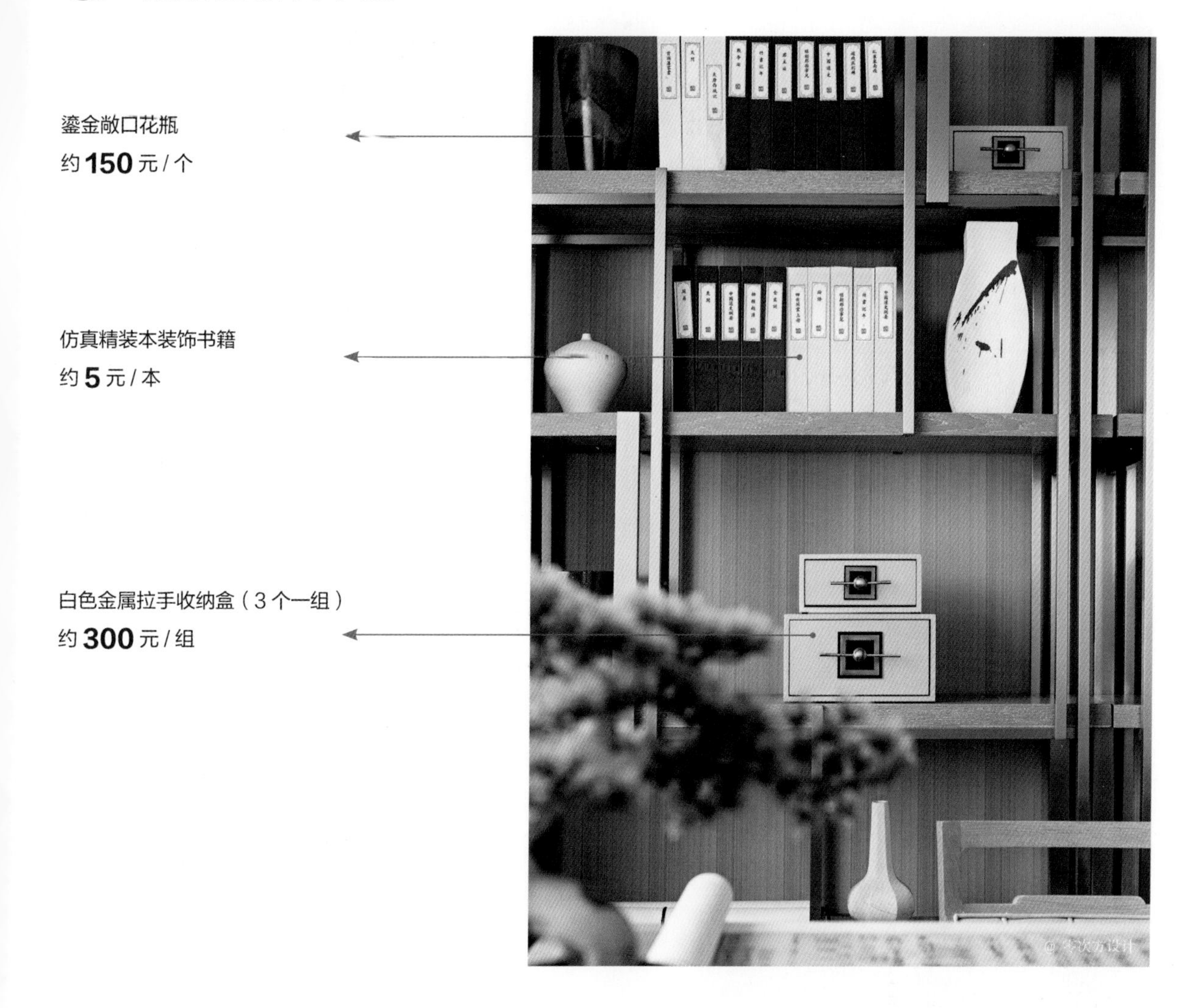

鎏金敞口花瓶
约**150**元/个

仿真精装本装饰书籍
约**5**元/本

白色金属拉手收纳盒（3个一组）
约**300**元/组

黑色复古将军瓶
约**200**元/个

黑色鎏金实木框挂画（0.4m×0.7m）
约**280**元/幅

仿真精装本装饰书籍
约**5**元/本

微型太湖石摆件
约 **300** 元 / 个
白色小口陶瓷花瓶（小号）
约 **100** 元 / 个
仿真精装本装饰书籍
约 **5** 元 / 本

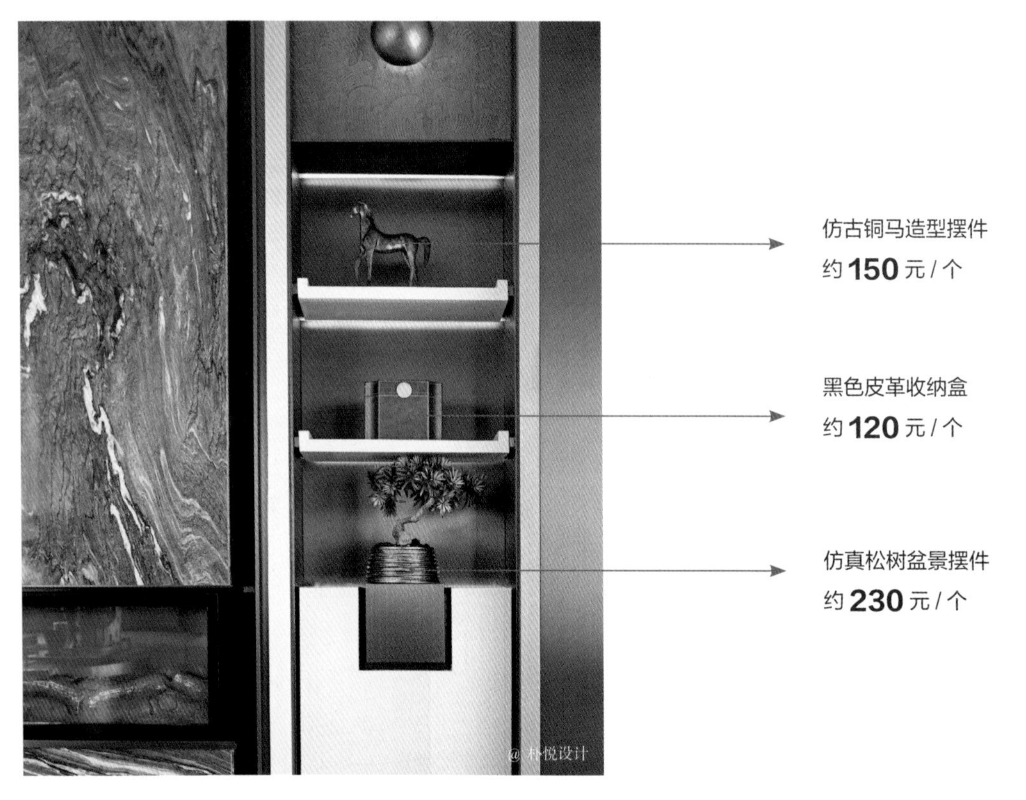
仿古铜马造型摆件
约 **150** 元 / 个
黑色皮革收纳盒
约 **120** 元 / 个
仿真松树盆景摆件
约 **230** 元 / 个
@ 朴悦设计

金属收纳罐摆件
约 **130** 元 / 个

装饰铁艺茶壶摆件
约 **130** 元 / 个

仿真精装本装饰书籍
约 **5** 元 / 本

白色扁瓶
约 **150** 元 / 个

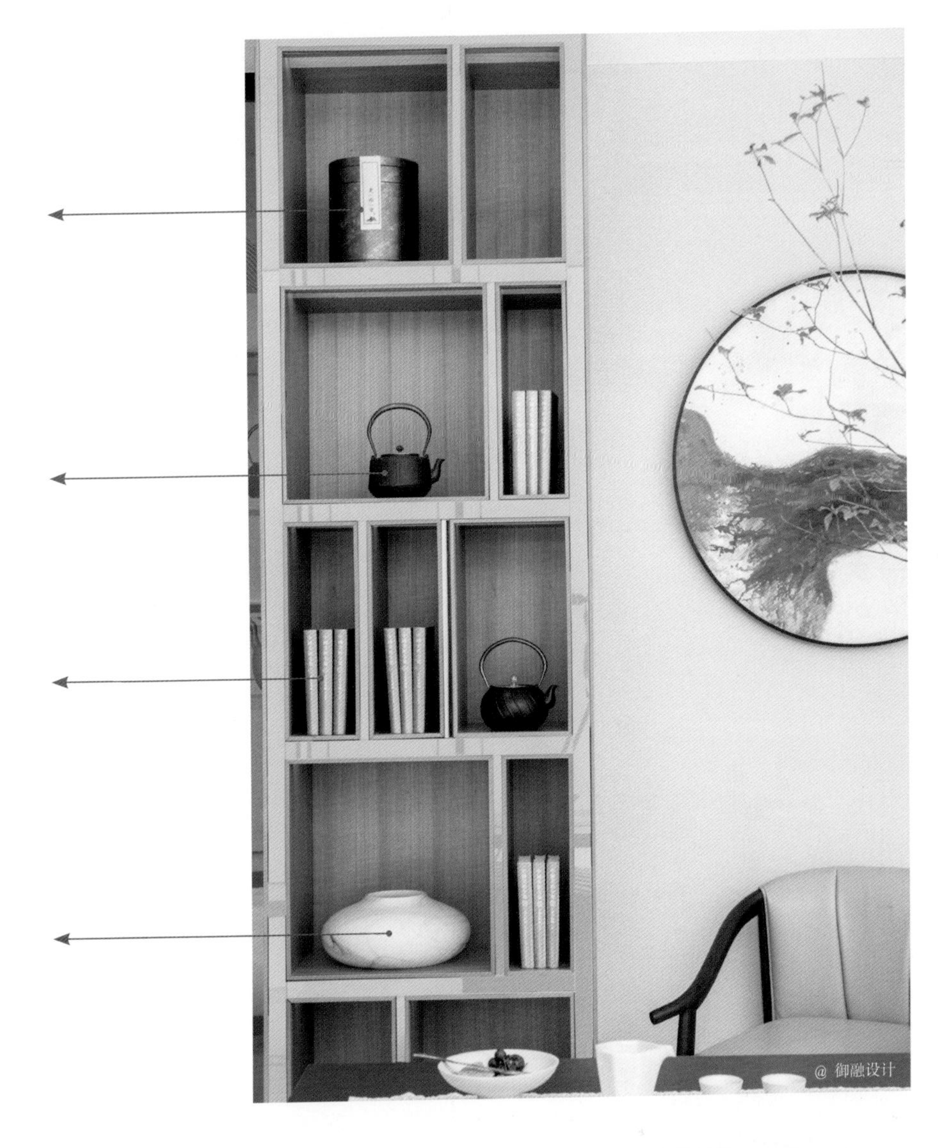

立体浮雕陶瓷收纳罐
约 **130** 元 / 个

装饰铁艺茶壶摆件
约 **180** 元 / 个

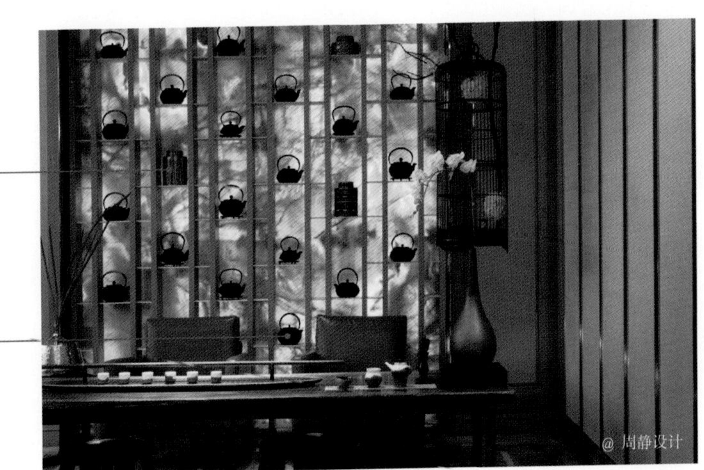

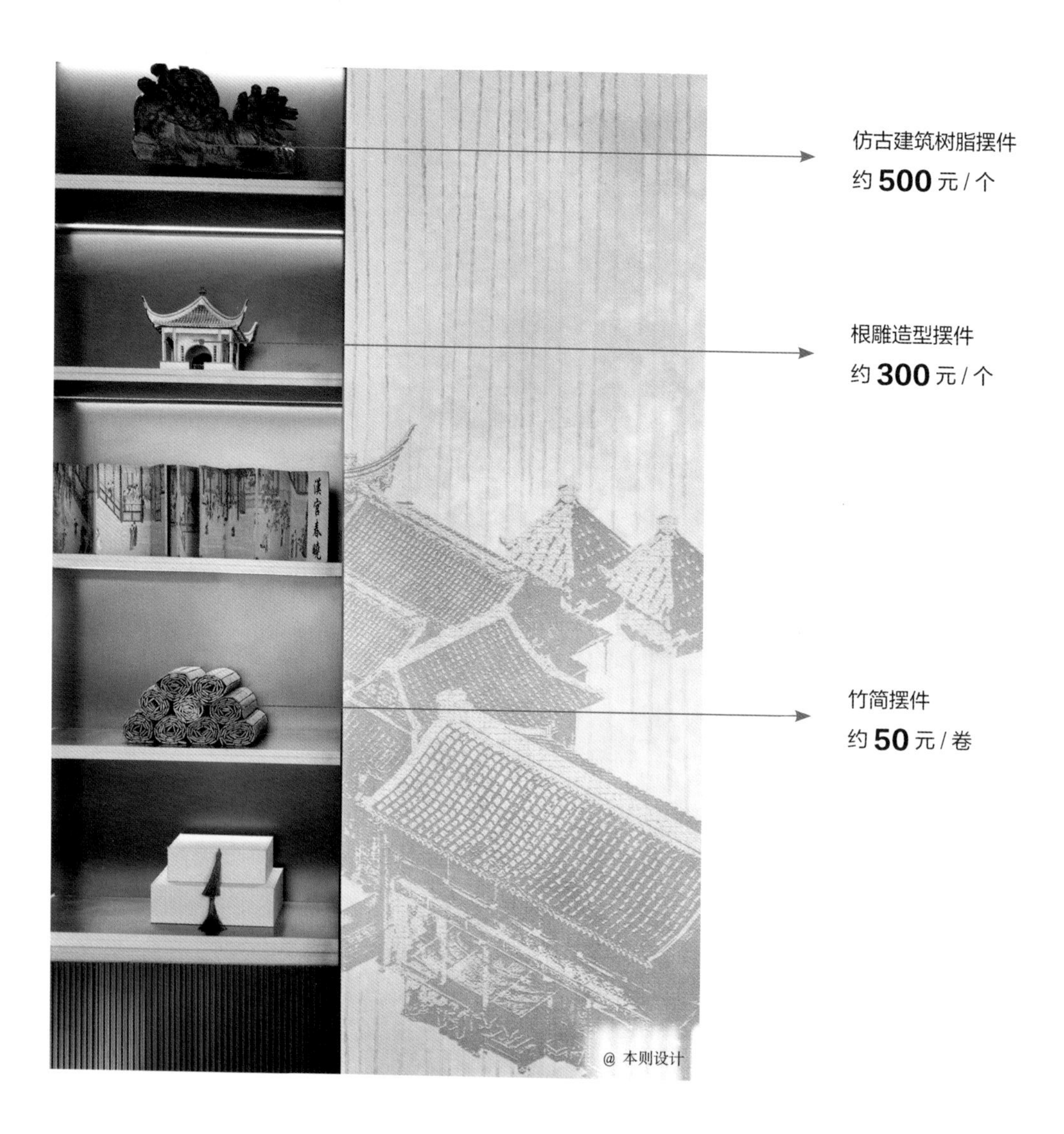
仿古建筑树脂摆件
约 **500** 元 / 个
根雕造型摆件
约 **300** 元 / 个
竹简摆件
约 **50** 元 / 卷
@ 本则设计

黑色圆环造型树脂摆件
约 **260** 元 / 个
金属收纳罐摆件
约 **130** 元 / 个
仿真精装本装饰书籍
约 **5** 元 / 本
@ 简爱空间

第二节

新中式风格布艺搭配实例解析

色彩、纹样和质地是布艺搭配的三大设计要素，不同风格和格调在面料的选择上都有所区别。新中式风格从表现手法上大体可分为传统、典雅、禅意、时尚四种格调，其布艺搭配的侧重点也有所不同，下面我们通过一系列的案例来解析不同格调的新中式风格的布艺搭配手法。

【色彩】

本案的形象色介于中国传统色“缥色”和“靛蓝色”之间，南唐诗人李煜一句“缥色玉柔擎，醅浮盏面清”将浅青色与姣好的少女联系在一起，本案也不例外，将缥色与淡雅的粉青色结合在一起，表达了优雅、恬淡的女性气质，在中式配色中独具一格。

【纹样】

梅花与飞鸟是本案的主要纹样，疏密有致的缥色梅花图案与飞鸟的壁饰相映衬，展现一种寻梅踏雪的闲情雅致，直击本案优雅恬淡的空间气质。

【质地】

无论是床品、墙布、窗帘还是床尾凳的罩面都选择了微光的质地，肌理均匀细腻，呈现出柔美高雅的气质。质地的和谐统一给空间带来一种温润与平和。

【色彩】

宫墙红作为本案的主要形象色表达了一种克制的张扬，与灰色形成鲜明的纯度对比，创造跳脱的时尚感；因为选用的宫墙红纯度中等，具有“莫兰迪色”的高级与优雅，因此整案表达的色彩氛围是一种稳重的时尚感。

【纹样】

本案的纹样搭配题材统一，不难看出，作者在进行布艺搭配时候是围绕湖光山色这一题材来展开的，装饰画、抱枕、床旗都采用了山水风光的纹样，而床屏软体部分和窗帘均采用了白织提花的面料，通过面料本身的阴阳折射来表达湖面波光粼粼的景象。较为优秀的是同样取自于山水景色的题材，但主次非常清晰，窗帘、床屏、床旗均采用了白织提花，纹样若隐若现，而抱枕采用的是色织提花，纹样清晰明朗，与墙面的装饰画形成点睛之笔。

【质地】

通常来说，表达质朴禅意的新中式格调会采用棉、麻等暗哑粗粝的自然纤维，表达精致典雅的新中式格调会采用细腻亮泽的丝或者化纤，而本案的布艺搭配采用了亮泽的高精密提花面料来表达精致与典雅，也采用了暗哑的棉麻粗纺面料来表达自然与质朴的一面，正是因为这两种截然不同的质地进行碰撞，从而营造出内敛、克制的时尚韵味。

【色彩】

本案布艺色彩明度和纯度均偏中低，营造出复古的年代感，以烘托追忆传统的情感氛围。布艺配色的序列由三组渐变配色构成，一是墙布硬包由土黄到灰咖的纯度渐变，二是床品抱枕由紫色到蓝紫色的色相渐变，三是窗帘、被套、沙发罩面的深浅不一的灰色表达的明度渐变。三组渐变配色叠加形成了丰富饱满的色彩层次，给空间铺上了一层深远、浓郁的怀旧氛围，而花艺的橙色则反其道而行之，用鲜活明媚的色彩将人的情绪从怀旧中拉回当下，可以说这个高纯度的点缀色运用得相当微妙。

【纹样】

不难看出，空间的每一个布艺元素都在表达着对传统的怀旧，除了色彩以外，纹样的搭配也别出心裁，床头背景的墙布硬包纹样若即若离的山峦中刻画出苍劲的古松，窗帘和沙发罩面通过抽象晕染表达斑驳的历史感，沙发抱枕和床旗的古风画面是提炼的核心纹样，让古典的风韵更加具体化。

【质地】

亮泽的高精密提花面料是本案的主要材质，呼应传统中式风格中对“丝织锦缎”的尊崇，表达华丽、高贵的东方气韵。

【色彩】

本案采用了中式传统色－黛绿色来作为形象色，但又通过现代的手法进行色彩构建，采用大面积的无彩色进行主体铺陈，加入少量的黛绿色进行点缀，突破了利用有彩色对照的传统中式配色手法。本案虽然看起来没有明显的中式元素，但却也无法隐匿中式的意蕴，可以说黛绿色的使用功不可没，黛绿通常出现在古画中对山水的呈现，也高频出现在古诗词中对湖光山色的描写，“黛色霜青”“山川黛色青”等描绘的意境是一种出尘脱俗的墨客情怀，这就迎合了新中式风格追求的雅致清韵。

【纹样】

本案的布艺纹样虽没有出现符号感强烈的中式传统纹样，却通过简洁随意的纹样将中式的韵味揉碎了融进空间中，如地毯、休闲椅罩面、沙发抱枕的水墨晕染纹样，这些纹样都来源于同一个中式元素—中国水墨画，通过抽象化处理后运用于布艺，既富有东方意蕴，又符合现代审美。

【质地】

以棉麻面料作为最主要的材料，质地细腻柔和，座凳采用了精致的人字纹，既表达了中式风格质朴的一面又追求现代简约的精致细腻。窗纱轻薄垂顺的质地给人一种柔和亲近的感受。沙发抱枕局部采用亮泽的质地，多元化的材质运用，在质朴的氛围中又融入了一些高贵的气质。

【色彩】

本案的形象色为典雅庄重的绀蓝色，在古代中国也称之为“赤青”，早在《论语》中就有“君子不以绀緅饰”的着装礼节，由此可见绀蓝色的庄重。本案采用了色度值极低的浅灰和暖白来与绀蓝色搭配，表达时尚与传统的色彩碰撞，典雅中带着现代的气息。

【纹样】

利用层峦叠嶂的中式传统纹样，将其抽象化，象意但不象形，通过现代艺术的手法进行表达，如装饰画的线性阵列图形、沙发抱枕的曲线抽象图形，以及地毯的曲面晕染图形等，它们都来自同一元素－层峦叠嶂的山脉，通过这一元素的延展，表达了中国传统文化中对山河的歌咏。

【质地】

在质地的运用上本案具有典型的现代风格的特点，那就是材质多元化。窗帘采用了亮泽丝滑的高精密面料；沙发罩面采用了细腻暗哑的细棉麻面料；而沙发抱枕的搭配更加丰富饱满，由色织提花面料、割绒面料以及混纺的粗肌理面料组成。通过不同质地的面料差异来表达层次感，但又通过色彩和纹样的协同将其贯穿在一起，使整个空间看起来既富有层次又和谐一致。

【色彩】

没有任何一个颜色比红色更能代表中国的传统色彩了，但是为了避免视色疲劳，室内空间忌用大面积的红色，因此本案在布艺上运用了大面积的温润谦和的缟色，加入少量的明度中偏低的枣红色，既迎合了中式风格的传统色彩需求，创造明朗亮丽的空间氛围，又避免了因过度使用高纯度的暖色而造成的视觉疲劳。

【纹样】

窗帘主布选择了略带斑驳纹理的面料，虽然色彩层次丰富，纹样简约随性，但很容易因花纹循环较多而产生杂乱的印象，因此搭配净色的窗幔来进行中和，窗幔的底边和帘身侧配布采用色度值极高的枣红色净色布，能有效地集中视觉，从而减少对主布的过度关注。沙发抱枕的抽象山峦纹样，既符合中式风格的传统纹样特征，又具有极强的现代感，迎合新中式的“新”恰如其分。

【质地】

主沙发采用的混纺面料既有麻布的肌理特征，呈现出自然亲和的质感，又具有雪尼尔面料的簇绒感，厚实且略带光感，呈现出一种内敛的高贵。而高精密提花的窗帘面料细腻亮泽，满足中式风格对“丝织锦缎”的尊崇。沙发抱枕的质地搭配各自粗细有别，明暗有序，达到丰富饱满的效果。

【色彩】

新中式风格的典雅格调通常通过灰度的对比进行表达，本案床头背景的浅雾灰与深灰咖的墙板形成了强烈的明度差，创造了强烈的第一视觉冲击，又通过中灰色的墙布和床品进行明度调和，使空间显得温和不突兀。床品的色彩搭配也是采用这一手法，从床屏到床旗，从远到近，深浅交替，突出灰色的明暗层次。天青色的装饰腰枕作为空间唯一的点缀色，显得尤为重要。

【纹样】

床头背景若隐若现的水墨画面意境深远，给人一种空灵的臆想，而装饰抱枕的竹叶图形表达了中国传统文化中对气节的咏叹，从景的空灵到物的具象，虽然不属于同一题材，但都饱含幽深的东方哲学，因此融入同一空间仍然和谐存在。

【质地】

亮泽细腻的高精密面料与粗粒暗哑的棉麻混纺面料相融合，结合纹样的特色，表达了对自然的敬仰以及对人文的尊崇，两种截然不同的质地进行碰撞更是传统人文与现代审美的完美结合。

@ 壹思设计

【色彩】

床及床尾凳的米白色、墙布硬包的浅卡其色以及墙板的煤黑色构成了空间的环境色，三者之间有着较大的明度差，使得空间的层次感非常鲜明。同时黛绿色和黛蓝色形成的中差色相配色，给人带来一种稳重的时尚感。黛绿和黛蓝在国画或者古诗词中通常用来描绘“山水”，色彩本身有着深远的国风意境。

【纹样】

本案以素色为主，少有鲜明的纹样，通过不同的面料肌理来凸显层次感。床品抱枕出现的抽象山纹份额虽少，但恰到好处地点了“山水”的主题。

【质地】

面料的质地以挺阔的棉麻材质为主，突出自然质朴的一面，这与隐匿在空间里的“山水”主题非常契合。虽然为同一质地，却有着“净色”和“杂色”之分，也有“粗粝”和“细腻”之分，因此在布艺的搭配上显得层次丰富而内容饱满。

【色彩】

这是一个以灰色和浅木色为基调构成的空间，低色度值的浅色环境形成了宁静禅意的空间氛围，没有凸出某个形象色，看似“无为”，实则内藏“玄机”。首先面积相当的浅灰色墙布与浅木色墙板之间形成冷暖对照，使得空间宁静但不空乏；其次，墙面通过水墨画的方式表达明度的对照，虽同为灰色但不显单调；再者，少量的缟色（浅绛色）的加入，增添了一些传统的色彩元素。

【纹样】

本案最突出的纹样便是“水墨”元素了，水墨晕染的远山图云雾缭绕，泼墨的地毯图案若隐若现，制造一种淡泊随性的意境，经过细致刻画的电视背景画面恰到好处地成为空间的重点纹样，整个空间的纹样主次分明，大环境的纹样虚幻随性，视觉焦点的纹样细致明朗。

【质地】

沙发的罩面布艺选用了精致细腻的棉麻材质，显得温文尔雅，搭配的抱枕由不同肌理粗细、不同亮泽程度的质地组合而成，显得丰富饱满。

【色彩】

纯粹的无彩色搭配看似简单，但也需要把握层次和比例。强烈的黑白对比，虽然能凸显层次，但用在卧室会显得冷酷，单纯的灰色系搭配又会显得中庸且无力。本案的配色大体可以分为三个层次：一是床头水墨画产生的强烈的黑白对比，使视觉清晰明朗，二是床品的灰白搭配，让空间安静柔和；三是窗帘的灰黑搭配，让人感觉坚定而有力量。三组配色结合在同一个空间，层次分明的同时又显得温和雅致。

【纹样】

墙布的水墨画是整个空间搭配的灵魂，近山远景的画面极具延伸性，使原本局促的卧室看起来景深感非常强烈。其次竖条纹的床品也为空间的视觉延展起到不可或缺的作用，抱枕的水墨纹样和墙面背景题材呼应，形成和谐统一的效果。

【质地】

白织提花的床品面料温软柔和，床位毯和窗帘的面料均选用了斜纹的棉麻混纺面料，质地垂顺，且有较强的分量感，与浓墨晕染的背景墙形成质感的均衡。

【色彩】

黛蓝色是非常经典的中国传统色彩，高频出现在古代文人墨客笔下，“风回一镜揉蓝浅，雨过千峰泼黛浓”指的就是微风拂过湖面倒映着雨后山峰的景象。本案的形象色便使用这一唯美的颜色，与灰白色相得益彰，呈现出一种清雅逸致的脱俗风采。色彩的构图也清晰明朗，从远景朦胧的山脉微蓝，到中景坚实的深蓝抱枕，再到床旗淡蓝，通过明度的变化形成一条由远及近的色彩脉络。

【纹样】

新中式风格中少用符号化的传统纹样，山水元素却被设计师宠出新高，本案也不例外，在远景的背景墙布使用了大幅面的山脉纹样，近景的床旗上也呼应了这一纹样。画面不同，但题材统一，形成很好的类同感。山水元素不同于传统符号的规矩和格式化，它可以使用不同的表现手法灵活运用，或虚或实，或抽象或具象，都能很好地表达设计意图。

【质地】

床屏的面料采用了亮泽的雪尼尔面料来突出高级感，床品的面料选择了高精密提花面料，细碎的提花纹样若隐若现刚好与雪尼尔面料忽明忽暗的特质相映衬。亮泽挺阔的窗帘面料也与其和谐统一。

【色彩】

灰白色的基调营造了清新雅致的氛围，红色的点缀让空间明媚灵动，胭脂红的枕头与枣红色的床旗创造了一定的明度差，两者因取自同一色相而显得和谐统一，又因明度的差异而层次分明。红色在构图布局上也别出心裁，背景的枣红色图案与床旗的枣红色镶边头尾呼应，而胭脂红的枕头恰好出现在两者之间，这就奠定了胭脂红在空间中的核心分量。

【纹样】

本案在纹样的运用上古今结合，将古典的元素与现代的手法结合在一起，碰撞出别具一格的时尚感。床头背景的墙布纹样既有古典的花卉工笔画，又出现有现代工艺的蚀刻建筑图，床旗上繁复的古典图案与床头柜上抽象的现代图案相对比，这种古今图形相糅合的手法，给人一种耳目一新的感觉。

【质地】

本案在面料质地的选择上也包罗万象，除新中式风格惯用的棉麻混纺、高精密提花以外，丝绒也加入其中，床旗底层的枣红色丝绒面料色泽郁馥，质感高贵，使得本案的搭配更加典雅高贵。

第三节

新中式风格配色设计实例解析

【色彩构成】

铅白　咖啡色　深褐色　蓝灰色

【配色要点】

1. 背景色是大面积铅白，局部搭配深褐色，是一种考究的且富有历史感的色彩。沙发旁边的隔断装饰是中式传统的造型和纹理，让空间中的基调有了古典的意境。

2. 主体家具的色彩是灰色系和深褐色，与背景色同色系，统一并凸显色彩层次。蓝灰色点缀在空间中，与铅白一样具有冷感，与空间中的暖色相互对比，也能相互融合。

3. 墙面的装饰画带有金箔材质，给人一定的厚重感，与隔断装饰的气质相呼应。

【色彩构成】

米白色

褐色

藕荷色

中国红

【配色要点】

1. 背景色以暖色为主，床头背景墙的设计拼色唯美，中间灰白色墙纸上的写意图案富有空灵感，两边的深褐色墙面上，加入面积比例恰到好处的中国红。

2. 家具的颜色都是暖色系，在褐色系里做变化，如浅褐色的床、深褐色的木作颜色。床品、地毯的色彩和墙面的灰白色相呼应。

3. 墙面上的中国红不是孤立存在的，通过几个不同层次的红色形成变化，如藕荷色的地毯、窗帘上橙红色的装饰边以及抱枕和书籍等。红色在空间中铺洒开来，极具美感和装饰性。

【色彩构成】

深灰色

灰白色

蓝灰色

钴蓝

【配色要点】

1. 卧室空间中，如果背景色是深色调，主体家具色运用浅色会更适合营造舒适的居室氛围。床头柜的原木色调与地面的色彩一致，相互呼应。

2. 本案中，背景墙面和床、床品的颜色都是灰色调，注重了配色的节奏感，深浅搭配，避免了色彩混在一起而容易造成的模糊印象。

3. 窗帘和抱枕的钴蓝色作为空间的点缀色，同时面料的质地光滑，增加了华丽精致感。

【配色要点】

1. 餐厅空间的背景墙面以白色和浅驼色为主，主体家具和地毯是驼色和白色，背景色和主体色用色统一。当驼色大面积运用室内空间中，能给空间带来安宁和温暖感。

2. 空间的重色面积非常小，而且是呈点状分布的，如地面的黑色拼贴瓷砖、边柜上的黑色雕塑以及酒架上的深色酒瓶等。

3. 餐椅椅背的驼色是比墙面和边柜的颜色更深，形成层次关系。同时餐椅呈整齐阵列式的摆放方式，在色彩上形成了面，给了空间更多的稳定感。

【色彩构成】

驼色
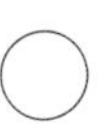
白色

原木色

中国红

【配色要点】

1. 背景色都是浅色系，墙面的米白色和浅咖色搭配，无论是色彩还是材质，都给空间带来温暖感。

2. 主体家具的色彩以浅色调为主，长榻的面料是具有东方美感的水墨纹样，为空间增加了中式神韵。

3. 单人沙发的面料色彩最深，考究的普鲁士蓝和家具木质的颜色都是空间中的重色，增加了稳定感。

4. 普鲁士蓝与墙面大面积的浅咖色从色相上看是互补色，两个颜色都具有都市感与感高级的装饰效果。

【色彩构成】

浅咖色

米白色

普鲁士蓝

金色

【色彩构成】

 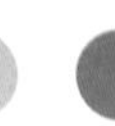   

灰白色 灰色 孔雀蓝 古金色 橙色

【配色要点】

1. 大面积灰白色调的空间，通过孔雀蓝和金色增加了空间的华丽感。

2. 背景色和主体色以灰色系为主，墙面与主沙发的色调一致，通过颜色更浅一度的地毯，拉开色彩层次。地毯的写意图案与墙纸图案的气质相互呼应。

3. 空间中的用色重点是在背景墙的孔雀蓝上，在后期的茶几、吊灯和抱枕色彩的选择上，都考虑了孔雀蓝带给空间的气质，用金属质感和高饱和度的橙色与孔雀蓝形成呼应。

【色彩构成】

驼色 灰白色 黑褐色 蓝灰色

【配色要点】

1. 这是一个用色和谐稳定的卧室空间。背景色与主体色一致，都是在黄色系和橙色系中做深浅的变化。

2. 墙面、窗帘的面积在空间相对更大，这两部分的色彩较深，所以家具的色彩一定要选用浅色系，避免过于沉闷。

3. 同色系中，有了色彩深浅、明暗关系的变化，如果还需要再多一些层次，可以点缀互补对比的色彩，控制好色彩的饱和度，与空间的色彩的基调保持一致，是一种低调高级的表现方法。

【色彩构成】

铅白　褐色　橙灰色　蓝灰色　海棠红

【配色要点】

1. 黑、白、灰搭配深褐色，是新中式风格中极为经典的色彩搭配，可以营造安宁、沉稳的氛围，这组色彩搭配非常适合运用在书房空间。

2. 整面墙的褐色书柜，因为书柜里放置的浅色软装饰品以及挑高的层高，没有让人产生压迫和沉闷感。

3. 主体家具的色彩与墙面、书柜的颜色一致。与褐色同色系的橙灰色，增加了温暖精致的感觉。

4. 海棠红作为点缀色，搭配山峦图案的屏风与装饰画，让空间的中式韵味越发地浓郁。

【色彩构成】

浅咖色　米白色　咖啡色　中灰色

【配色要点】

1. 背景色和主体色都是明亮的暖色系，米白色面积最大，木制的浅咖色搭配，带来温和舒适感。

2. 本案中灰色的运用十分精彩，空间中的重色除了地板的咖啡色，就是灰色。

3. 床屏运用了一幅富有美感的屏风，画面内容是烟雨山水图，空间中的背景色和主体色集中表现在画面上，灰色穿插在其中，是山峦，更如山间的雾，仿佛让人身临其境，能感受到周身灵动的气息。

【色彩构成】

灰白色　深褐色　普鲁士蓝　棕黄色

【配色要点】

1. 本案整体配色温润舒适，浅色面积大，深色面积小，点缀色平衡运用在空间中。

2. 背景色和主体家具都是以灰白色调为主，重色装饰在局部墙面及家具的木质上。同时，灰色的运用让灰白色和深褐色自然过渡，避免了极浅和极深两种色彩组合的生硬感，让空间的色彩更显柔和。

3. 温暖的棕黄色作为点缀色，与小面积的普鲁士蓝形成对比色，让空间中的色彩层次更加饱满。

【色彩构成】

浅咖色　米白色　胭脂色　橙黄色

【配色要点】

1. 本案的背景色是浅咖色系，主体家具选用米白色搭配灰色地毯，其中胭脂色的坐凳增加了空间的温暖感，皮革的材质也是轻奢质感的体现。

2. 明亮的橙黄色和水蓝，如阳光般点缀在空间中，同时也更加活跃了整体氛围。

3. 打造一个具有高级感的空间，不一定只有运用黑、白、灰搭配的方法。通过装饰细节的材质和小面积的有彩色，空间可以塑造出不同于无彩色系的品质感，温暖和人情味同样也是空间高级感的一种体现。

【配色要点】

1. 灰色和原木色的搭配能够营造出高级而温暖的居家氛围。

2. 背景色以暖色调为主，沙发墙面的灰色硬包与原木色的木饰面搭配，形成冷暖的差别。主体家具的色彩呼应了背景色：主沙发是暖色调，单人沙发和长坐凳都是蓝灰色调，属于冷色调。

3. 在背景色中，暖色调的面积更大。在主体家具的色彩中，暖色调更加集中。这样的用色关系有主次之分，能让人一眼就能对空间想要表达的气质做出判断。

【色彩构成】

灰色 原木色 钴蓝 金色

【配色要点】

1. 背景色是大面积的铅白，墙面的木制壁柜以及顶面都选用了浅褐色，为空间增加了温度和暖意。

2. 墙面的祥云图案寓意吉祥，整体色调与背景融合统一。

3. 家具在背景色的基础上，增加了色彩的层次感。大面积的浅色部分与空间墙面的浅色呼应，木质颜色选用深褐色，与墙面的浅褐色属于同色相。

3. 作为点缀的中国红在空间中也不是孤立存在的。褐色属于橙色系，与红色系是相邻色。在一个空间中，色彩运用相邻的色系，可以表达出统一的质感。

【色彩构成】

铅白 浅褐色 深褐色 中国红

【色彩构成】

米黄色　深褐色　米白色　酒红色

【配色要点】

1. 本案中有很多红色的运用，但是以点的形式出现，所以在这个空间中，酒红色是点缀色。

2. 背景色是以大面积书柜的深褐色和地面的咖啡色为主，色相、色调都几乎一致。

3. 主体家具色以浅色系为主。窗帘、家具的深色部分和背景色平衡呼应。浅色的桌面和地毯则提亮空间。

【色彩构成】

奶茶色　金色　钴蓝色　橙色

【配色要点】

1. 床头墙的奶茶色皮革硬包用色温馨、舒适，搭配通透材质的壁灯，给空间带来奢华感。

2. 主体家具色延续了背景色，丝绵材质的床上用品富有光泽感，和背景墙面的材质的气质形成呼应，装饰感更强。

3. 橙色作为点缀色，与空间中的背景色的色相统一，床品上的钴蓝色与橙色互补呼应。